JavaScript 项目式实例教程

（第 2 版）

张屹峰　主　编

刘　建　汤淑云　副主编

電子工業出版社

Publishing House of Electronics Industry

北京 • BEIJING

内 容 简 介

本书是为适应中、高职学校计算机软件及应用等相关专业学生的能力水平而编写的一本入门级教材。在学习本书前，读者应该具备 HTML 及 CSS 的基本知识。当然，如果读者具有某一门高级语言的使用经验则会更好。

本书的特点是按照项目实践的方式安排内容。全书共 9 个项目，每个项目分为若干个与项目相关的小任务，每个任务中包含完成该任务所需的详细的知识点。读者通过完成各个项目中的任务就可以独立完成相应的项目，从而掌握与项目相关的知识点。

本书既可以作为中、高职学校 JavaScript 相关课程的教材，也可以作为对 JavaScript 感兴趣的自学者的学习用书。

图书在版编目（CIP）数据

JavaScript 项目式实例教程 / 张屹峰主编. —2 版. —北京：电子工业出版社，2023.12

ISBN 978-7-121-46835-3

Ⅰ. ①J… Ⅱ. ①张… Ⅲ. ①JAVA 语言－程序设计－高等职业教育－教材 Ⅳ. ①TP312.8

中国国家版本馆 CIP 数据核字（2023）第 231922 号

责任编辑：寻翠政
印　　刷：涿州市京南印刷厂
装　　订：涿州市京南印刷厂
出版发行：电子工业出版社
　　　　　北京市海淀区万寿路 173 信箱　　　邮编：100036
开　　本：880×1230　1/16　印张：12.75　字数：278 千字
版　　次：2017 年 10 月第 1 版
　　　　　2023 年 12 月第 2 版
印　　次：2025 年 2 月第 7 次印刷
定　　价：38.00 元

凡所购买电子工业出版社图书有缺损问题，请向购买书店调换。若书店售缺，请与本社发行部联系，联系及邮购电话：（010）88254888，88258888。

质量投诉请发邮件至 zlts@phei.com.cn，盗版侵权举报请发邮件至 dbqq@phei.com.cn。

本书咨询联系方式：（010）88254591，xcz@phei.com.cn。

前言 | PREFACE

JavaScript 是一种用于 Web 开发的重要的脚本语言，最早在 HTML 网页上使用，用来为 HTML 网页增加动态功能，被广泛应用于客户端，主要通过浏览器中的 JavaScript 引擎解释执行。

JavaScript 由 Netscape 公司于 1995 年在 Navigator 浏览器上首次实现。因为 Netscape 公司与 Sun 公司进行了合作，Netscape 公司希望它外观看起来像 Java，所以将它的名字定为“JavaScript”。JavaScript 语言非常强大，它远非只在客户端实现一些简单的表单数据验证或特效那么简单。学习和掌握 JavaScript 语言对于 Web 开发者来说非常重要。

本书是为适应中、高职学校计算机软件及应用等相关专业学生的能力水平而编写的一本入门级教材。在学习本书前，读者应该具备 HTML 及 CSS 的基本知识。当然，如果读者具有某一门高级语言的使用经验则会更好。

本书的编写及课程设计坚决贯彻党的二十大精神，坚持为党育人、为国育才，着力培养德技并修的技术技能型创新人才，以学生的政治认同、国家意识、文化自信、人格养成教育为导向，与课程中固有的知识和技能传授有机融合，在润物无声中提高学生的专业素质和思想政治素质，促进学生全面发展。

本书的特点是按照项目实践的方式安排内容。全书共 9 个项目，每个项目分为若干个与项目相关的小任务，每个任务中包含完成该任务所需的详细的知识点。全书共 9 个项目，读者通过完成各个项目中的任务就可以独立完成相应的项目，从而掌握与项目相关的知识点。

项目 1 主要用于让读者初步体验 JavaScript 代码和文件的编写方法，以及熟悉相关的基本概念。

项目 2 主要介绍变量、常量、基本数据类型、数据类型的转换、运算符、判断结构语句及几个常用的内置函数。

项目 3 主要介绍数组、Math 对象、循环结构语句及变量的作用域。

项目 4 主要介绍事件和事件的触发机制，以及常用事件的应用。

项目 5 主要介绍 Window 对象、Location 对象、History 对象、Screen 对象及 Navigator 对象的常用属性和方法。

项目 6 主要介绍 Document 对象的常用属性和方法，Cookie 对象、Image 对象、Link 对象的使用方法，以及利用 JavaScript 设置样式的方法。

项目 7 主要介绍利用 DOM 获取和操作节点的方法、利用 DOM 获取和设置节点样式的方法、利用 DOM 操作表格的方法。

项目 8 主要介绍事件流和事件绑定、阻止浏览器默认行为的方法、鼠标滚轮事件的处理方法。

项目 9 主要介绍缓冲运动的原理和实现方法，以及窗口滚动事件。

由于编者水平有限，书中难免存在疏漏和不足之处，敬请读者给予批评指正。

编　者

CONTENTS | 目录

对话框和页面输出——初步体验

项目情境

有两个网页，每个网页中都有一个“问候”按钮。在第一个网页中单击“问候”按钮，会弹出对话框，显示信息“张三向您问好!”，单击该对话框中的“确定”按钮后，在第一个网页中显示信息“张三欢迎您光临本站!”。在第二个网页中进行同样的操作，显示结果相同，但是将显示信息中的“张三”替换成“李四”。项目要求代码的复用性和可维护性良好。

学习目标

- 熟悉 JavaScript 代码内嵌在 HTML 代码中的书写方法。
- 熟悉 JavaScript 代码的执行时机。
- 初步了解事件触发的概念。
- 初步了解函数和函数调用的方法。
- 熟悉 JavaScript 文件的编写和引入的方法。
- 能够初步理解 JavaScript 的运行原理。
- 能够初步建立模块化编程的思维。
- 培养协同合作开发项目的能力。

任务 1　弹出对话框

提出任务

当页面被打开时，立即弹出一个问候对话框。

知识预备

（1）在 HTML 代码中，任何标签都可以被看作是一个对象，如<body>标签就是一个对象。这些对象一般都有属性、事件和方法，相关内容将在后面的项目中阐述。

（2）如果想在页面被引导后执行一个任务，则可以给<body>标签添加一个 onload 事件（事件的相关内容将在后续项目中详细介绍），该事件在 body 对象被加载完成后被触发，代码格式如下：

```
onload="要执行的代码";
```

（3）alert("参数")函数的功能是弹出一个对话框，该对话框中的内容就是该函数中设置的参数。

（4）JavaScript 对大小写是敏感的，所以 alert()函数必须全部小写。

任务分析

当页面被打开时，实际上就是触发了页面的引导事件，即 onload 事件，在该事件中使用 alert()函数执行一个弹出对话框的任务即可。

任务实现

（1）创建一个页面文件“对话框.html”（为了方便测试，本书都使用静态页面）。

（2）在<body>标签内部输入以下代码：

```
<body onload="alert('你好！');">
```

（3）运行网页，会弹出如图 1.1 所示的提示对话框。

图 1.1　弹出的提示对话框

代码解释

当网页运行时，加载了 body 对象，从而触发了 body 对象的 onload 事件，因为 onload 事件就是当 body 对象被加载完成后被触发的，其被触发后的处理结果是执行“alert('你好！');”语句，从而弹出对话框。当 body 对象被加载后，onload 属性就是让 body 对象响应 onload 事件。

onload 后面的功能代码已经被一个双引号包含，所以 alert()函数中的参数就不能再使用双引号包含了，而应该使用单引号包含。除了输出的内容部分，所有的语法符号都要使用半角英文符号。

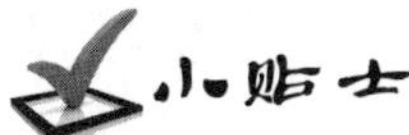

（1）JavaScript 的编辑工具有很多，任何文本编辑器都可以编辑 JavaScript 代码，如记事本、Notepad、EditPlus 等。当然，使用更专业的编辑工具可以起到事半功倍的效果，如 Dreamweaver、Sublime、VS Code 等。本书使用的编辑工具为 Dreamweaver，如图 1.2 所示。

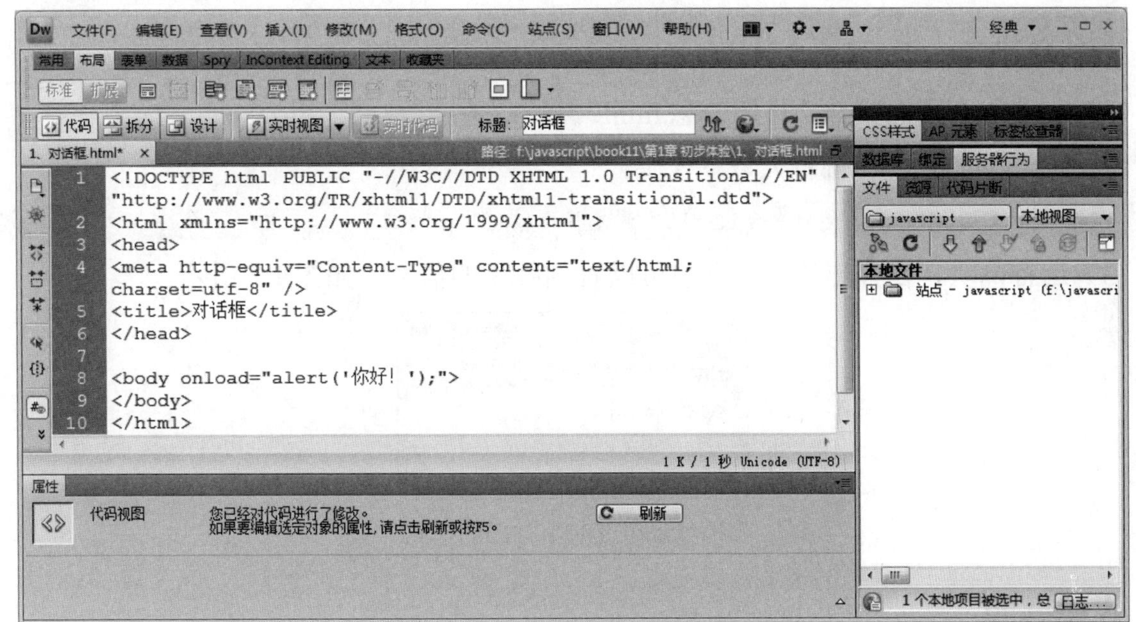

图 1.2　Dreamweaver 界面

（2）在使用浏览器测试 JavaScript 代码的运行效果时，由于不同浏览器对 JavaScript 的支持程度不同，因此，有时同一段 JavaScript 代码在不同的浏览器或同一种浏览器的不同版本中的运行效果会有所不同，这一点会在后面的项目中介绍。

任务 2　在页面中打印欢迎词

提出任务

当页面被打开时，在页面中打印一串欢迎词。

知识预备

（1）Document 对象表示文档对象，每个载入浏览器的 HTML 文档都会成为 Document 对象（Document 对象的相关内容将在后续项目中详细介绍）。

（2）Document 对象有很多方法，write()方法是其中之一，表示在文档中打印信息内容。

任务分析

本任务与本项目的任务 1 类似，当页面被打开时，触发页面的引导事件，即 onload 事件，也就是 body 对象的 onload 事件，在该事件中使用 Document 对象的 write()方法执行一个打印任务即可。

任务实现

（1）创建一个页面文件“打印信息.html”。

（2）在<body>标签内部输入以下代码：

```
<body onload="document.write('欢迎光临本站！');">
```

（3）运行网页，在弹出的对话框中可以看到打印的信息，如图 1.3 所示。

图 1.3　在页面中打印的信息

代码解释

当网页运行时，加载了 body 对象，从而触发了 body 对象的 onload 事件，该事件被触发后的处理结果是执行“document.write('欢迎光临本站！');”语句，从而在页面中打印信息“欢迎光临本站！”。

任务 3　先弹出对话框再打印信息

提出任务

当页面被打开时，先弹出问候对话框，用户单击该对话框中的“确定”按钮关闭该对话框后，再在页面中打印欢迎信息。

知识预备

在 JavaScript 中，如果功能代码块中有多个语句，则这些语句使用分号隔开。实际上，每个完整的功能语句的结束处都应该写上分号，即使只有一个语句，也应该写上分号。

任务分析

本任务综合了本项目的任务 1 和任务 2，需要注意当事件功能代码块中有多个语句时的写法。

任务实现

（1）创建一个页面文件“对话框和打印信息.html”。

（2）在<body>标签内部输入以下代码：

```
<body onload="alert('你好！');document.write('欢迎光临本站');">
```

（3）运行网页，可以看到先弹出了如图 1.4 所示的问候对话框。单击该对话框中的“确定”按钮，该对话框关闭，同时在页面中打印了欢迎信息，如图 1.5 所示。

图 1.4　弹出的问候对话框

图 1.5　在页面中打印的欢迎信息

代码解释

当网页运行时，触发了 body 对象的 onload 事件。在该事件的执行任务代码中，先执行第一个语句，会弹出问候对话框（见图 1.4）。如果用户不单击该对话框中的“确定”按钮，alert()函数未执行结束，则第二个语句不会执行，此时，在页面中是看不到欢迎信息的。只有当用户单击“确定”按钮后，才能看到在页面中打印的欢迎信息（见图 1.5）。

任务 4　单击按钮执行任务 3

提出任务

页面中有一个按钮，单击该按钮后，先弹出问候对话框，用户单击该对话框中的“确定”按钮关闭该对话框后，再在页面中打印欢迎信息。

知识预备

当 document.write()方法执行时，将重写当前页面。所以，页面中原有的内容将全部消失，只留下 document.write()方法写下的内容。在本任务中，最后在页面中看不到原来的“问候”按钮就是这个原因。

任务分析

本任务需要页面与用户进行交互，实际上就是由用户触发单击事件，即 onclick 事件，在该事件中执行相应的任务。

任务实现

（1）创建一个页面文件“单击按钮.html”。

（2）在<body></body>标签对中编写按钮代码，并在按钮代码中添加 onclick 事件属性，同时编写执行任务代码，示例如下：

```
<input type="button" name="button" id="button" value="问候" onclick="alert('你好！');document.write('欢迎光临本站！');"/>
```

（3）运行网页，可以看到页面中有一个“问候”按钮，单击该按钮，会先弹出“你好”对话框，单击该对话框中的“确定”按钮关闭对话框后，在页面中打印了欢迎信息“欢迎光临本站!”。需要注意的是，此时页面中的“问候”按钮已经看不到了。

代码解释

本任务和本项目的任务 3 类似，只不过是将要完成的任务交给了单击按钮，而不是加载页面。按钮是一个对象，它的单击事件就是 onclick 事件。当用户单击按钮时，触发了 onclick 事件，从而执行了事件中定义的任务。

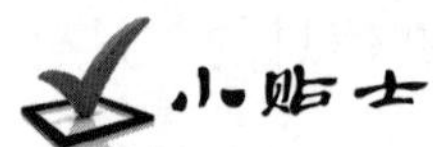

除了上述任务中介绍的输出信息的方法，还有一个常用来调试程序的输出信息的方法，即控制台输出，方法是 console.log(要输出的内容)。其中的“要输出的内容”既可以是一条或多条文本信息，也可以是一个或多个变量，还可以是一个或多个对象。示例如下：

```
<input type="button" value="问候" onclick="console.log('你好')"/>
```

我们可以在浏览器中按下 F12 键，打开浏览器的“开发者调试工具”窗口，选择“控制台”或“console”选项卡，单击页面中的“问候”按钮，就可以在控制台中查看输出的内容。

任务5　任务模块化

提出任务

仍然实现本项目任务4的需求，但是要求把执行任务代码模块化，以便随时调用。

知识预备

1．代码模块化

我们暂且将代码模块化简单理解为把要执行的代码“打包”为一个函数的形式，在需要时调用，从而达到使代码结构清晰、提高代码的复用性、增强代码的可读性的目的。

可能要求代码模块化的情景如下：

①任务代码较多或较复杂。

②同一个对象触发不同的事件执行相同或相似的任务。

③不同的对象触发某些事件执行相同或相似的任务。

2．JavaScript代码与HTML代码混编

如果要将JavaScript代码写在触发事件的代码之外，从而达到与HTML代码混编的目的，就必须将这些代码用<script></script>标签对包含起来。值得注意的是，如果包含在<script></script>标签对中的JavaScript代码是一个函数，则该函数不会被执行，而是暂存在内存中，只有当某个事件被触发从而导致该函数被调用之后，或者当遇到调用的语句时才会被执行。如果包含在<script></script>标签对中的JavaScript代码不是一个函数，而是在函数之外的JavaScript语句，则会按照顺序被执行。例如，以下代码块：

```
<script type="text/javascript">
alert("你好！");
function hello()
{
    alert("欢迎光临本站！");
};
alert("张三");
hello();
</script>
```

当页面被加载时，“alert("你好！");”语句没有包含在任何函数中，应立即执行，此时可以看到“你好！”对话框的出现。紧接着加载函数hello()，但不会执行。在遇到“alert("张三");”语句时，该语句也会立即执行，此时可以看到“张三”对话框的出现。最后遇到调用函数的语句“hello();”，此时hello()函数才被执行，才可以看到“欢迎光临本站！”对话框的出现。

3．注释

在编写 JavaScript 程序时，可能需要对一些代码进行注释。被注释的部分不会被执行。例如，上面的代码块中的第 01 行代码被注释的方法有以下两种。

①用“//”符号标识。使用这种方法一次只能标识一行代码。

②用“/*”和“*/”符号标识。使用这种方法一次可以标识多行代码。示例如下：

```
/*
    注释行 1;
    注释行 2;
    …
    注释行 n;
*/
```

任务分析

要实现任务模块化，可以将执行任务代码放入一个自定义的函数中，然后在需要的地方调用该函数即可。

任务实现

（1）创建一个页面文件“任务模块化.html”。

（2）在<body></body>标签对中输入以下按钮代码：

```
<input type="button" name="button" id="button" value="问候" onclick="hello()"/>
```

（3）在<head></head>标签对中输入以下代码：

```
<script type="text/javascript">
//下面定义了一个函数 hello()
function hello()
{
    alert("你好! ");
    document.write("欢迎光临本站! ");
}
</script>
```

（4）运行网页，单击按钮，效果和本项目任务 4 的效果相同。

代码解释

在本任务中，并没有将详细的执行任务代码像本项目的任务 4 那样直接写在触发的 onclick 事件代码的后面，而是将这些执行任务代码独立出来，放入函数 hello()中。在触发的 onclick 事件中只要调用该函数即可。有关函数的具体内容将在后面的项目中阐述。

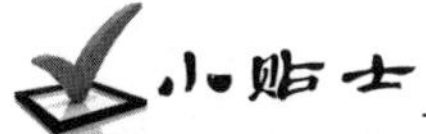

<script type="text/javascript">也可以写成<script language="javascript">，但因为 language 属性在 W3C 的 HTML 标准中已不再推荐使用，所以应尽量使用本任务中的写法。由<script></script>标签对包含起来的 JavaScript 代码可以出现在页面文档的任意位置，但是一般写在<head></head>标签对中。这样，当网页被运行时，该代码块将会被优先加载，从而提高运行效率。

任务 6　调用灵活化

提出任务

仍然完成本项目任务 5 的需求，但是要求增加代码的灵活性。例如，改变对话框和页面中打印的信息，但是不要修改函数的代码。

知识预备

程序设计中常常通过在编写函数时定义参数（一般是用逗号隔开的变量列表），而在调用函数时传入具体数值的方法实现函数功能的灵活性和可扩展性。有关变量的概念及函数参数的具体内容将在后面项目中阐述。

任务分析

在本项目的任务 4 中，我们将代码“打包”为一个函数，实现了模块化，但是还不够灵活。例如，要改变显示的内容，就必须修改函数体中的代码。如果再增加一个按钮，单击这个按钮也需要调用 hello()函数，但是要显示的内容又有不同，因此无法实现，只能另外编写一个函数供其调用。这样的程序缺乏可扩展性，代码的复用性也比较差。可以考虑在编写函数时设置两个负责从外界（调用者）接收数据的参数，外界（调用者）只要将具体的数据传递给函数的参数，该函数就能对参数进行相应的处理，最终返回结果。

任务实现

（1）创建一个页面文件“参数传递.html”。

（2）在<body></body>标签对中输入以下按钮代码：

```
    <input type="button" name="button" id="button" value="问候" onclick="hello('你好！','欢迎光临本站！');"/>
```

（3）在<head></head>标签对中输入以下代码：

```
<script type="text/javascript">
function hello(str1,str2)
{
    alert(str1);
    document.write(str2);
}
</script>
```

（4）运行网页，单击按钮，效果和本项目任务 5 的效果相同。

代码解释

hello()函数提供了两个参数，分别为 str1 和 str2，在外界（调用者）传入具体的数据后，该函数将对这两个参数进行相应的处理。hello('你好', '欢迎光临本站！')是将字符串"你好"传给了参数 str1，将字符串"欢迎光临本站！"传给了参数 str2。如果要改变显示的内容，则只要改变外界（调用者）传入的具体的数据即可，不需要修改 hello()函数的代码。

任务 7　“项目 1”的实现

知识预备

1. JS 文件

扩展名为.js 的文件是用 JavaScript 语言编写的客户端脚本文件，它不是一般的网页文件，一般不能直接打开，需要配合网页使用。它常常用来实现某些功能，这些功能的代码可以被多个不同的网页调用。在 JS 文件中编写 JavaScript 代码时，不要使用<script></script>标签对包含代码。

2. 引用 JS 文件

在页面中，只有引用 JS 文件后才能使用该文件中的 JavaScript 代码，方法是在<script>标签内部添加 src 属性，该属性的值就是要引用的 JS 文件的路径。

项目分析

很显然，在完成本项目的任务 6 后，要想完成本项目就非常简单了，只要制作两个页面，并分别在这两个页面中用本项目任务 6 中的方法就可以实现。但是，在最终实现本项目时，希望项目中的代码的复用性和可维护性更强。试想，既然这两个页面调用的函数都是一样的，那么可不可以把这个函数独立出来共享呢？答案是可以。

项目实现

（1）创建一个文件 hello.js（注意，该文件的扩展名为.js）。

（2）在 hello.js 文件中输入以下函数代码并保存该文件：

```
function hello(str1,str2)
{
    alert(str1);
    document.write(str2);
}
```

（3）创建两个页面文件，分别为 hello1.html 和 hello2.html（为简单起见，将创建的这 3 个文件放置在同一个目录下）。

（4）在页面文件 hello1.html 的<body></body>标签对中输入以下按钮代码：

```
<input type="button" name="button" id="button" value="问候" onclick="hello('张三向您问好','张三欢迎您光临本站！');"/>
```

（5）在页面文件 hello1.html 的<head></head>标签对中输入以下代码：

```
<script type="text/javascript" src="hello.js">
</script>
```

（6）在页面文件 hello2.html 中进行同样的操作，只是将代码中的“张三”修改为“李四”。

（7）分别运行网页 hello1.html 和 hello2.html，即可看到项目实现的结果。

代码解释

把共享的函数 hello()的代码单独写在一个名称为“hello.js”的文件中，在调用 JS 文件的页面文件 hello1.html 和 hello2.html 的<script>标签内部添加 src 属性，引用 hello.js 文件，这样在这两个页面文件中就可以调用 hello.js 文件中的函数了。

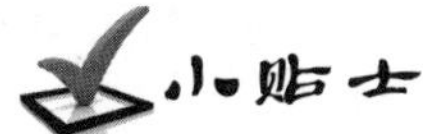

hello.js 文件可以放置在站点目录的任意位置，在页面文件 hello1.html 和 hello2.html 的<script>标签内部用 src 属性引用该文件时一定要写清楚路径，而且最好使用相对路径。

拓展实训

在网页中插入一张图片，要实现的效果是：当单击该图片时，弹出“你好！”对话框，如图 1.6 所示，单击该对话框中的“确定”按钮后，在页面中打印信息“欢迎光临！”，如图 1.7 所示。

图 1.6 单击图片后弹出的对话框

图 1.7 在页面中打印的信息

要求用以下 3 种方式实现上述效果：

①把代码直接写在<img>标签内部。

②在同一个页面文件内部采用函数调用的方式。

③把函数写在 JS 文件中，然后引用该文件，从而调用该函数。

简单计算器——判断结构

项目情境

设计一个简单的计算器，能进行加、减、乘、除四则运算。

当用户运行网页时，依次弹出 3 个输入对话框，分别要求输入两个数字和一个运算符号（+、−、×、÷），如图 2.1 所示。在确定输入无误后，单击“确定”按钮，会在页面中打印算式和计算结果，如图 2.2 所示。在进行除法运算时，除数不能为 0，否则会给出错误提示信息。如果输入的数字格式错误或输入的运算符号错误，则会给出相应的错误提示信息，如图 2.3 所示。

图 2.1　输入对话框

图 2.2　打印算式和计算结果

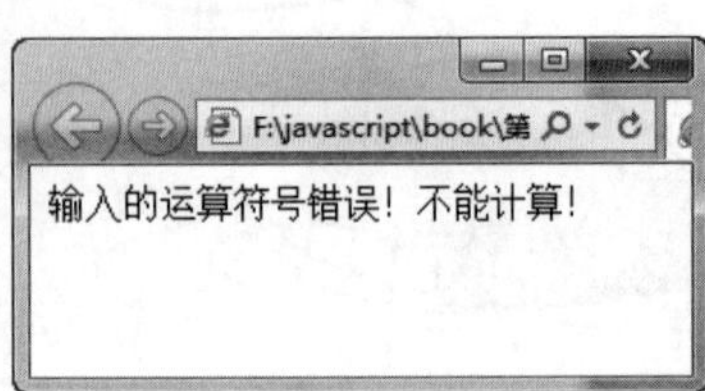

图 2.3　错误提示信息

学习目标

- 熟悉变量和常量的概念与使用方法。
- 熟悉基本数据类型的概念。
- 熟悉数据类型的转换。
- 熟悉关系运算符、逻辑运算符、算术运算符的使用方法。
- 熟悉判断结构的使用方法。
- 熟悉几个内置函数的使用方法。
- 培养逻辑思维和问题解决能力。
- 培养耐心和细致的工作态度。

任务 1　认识变量和字符串

提出任务

当页面被打开时，在页面中打印一个姓名和性别的相关信息。示例如下：

```
姓名：张三
性别：男
```

要求“姓名”和“性别”的值在程序中用代码指定。

知识预备

1．变量的定义

变量是一种标识符号，每个变量都对应一个值。我们可以想象内存是由一个个内存单元组成的，这些内存单元都有名称，这些名称就相当于一个个不同的变量。把一个值赋予一个变量，就是把这个值存入用该变量命名的内存单元中。变量必须先定义后使用。定义一个变量应使用关键字 var，示例如下：

```
var x;
var y;
```

使用一个关键字 var 也可以同时定义多个变量，这些变量的名称之间使用逗号隔开。示例如下：

```
var x,y,z;
```

在定义变量时可以省略关键字 var，但是建议保留。

2. 变量的赋值

变量的赋值就是把值存储在变量所对应的内存单元中，方法是使用“=”运算符。可以在定义变量时赋值，示例如下：

```
var x=0;
var y=1,z=2;
```

也可以在定义变量后使用该变量时再赋值，示例如下：

```
var x;
x=0;
```

3. 变量的命名

变量的名称必须以字母或下画线（_）开头，第一个字符不能是数字，但其后可以是数字或其他字符（空格、JavaScript 运算符和保留字除外）。例如，以下变量的命名是合法的：

```
a
A
_a
a_1
```

需要注意的是，JavaScript 语言对大小写是敏感的，所以变量 a 和变量 A 是两个不同的变量。变量的名称不能被定义为 JavaScript 语言的保留字。例如，不能定义一个变量的名称为 var 或 function。

4. 变量的类型

在编程语言中，把数据分成不同的类型，称为数据类型。例如，数字 100 和 50.34 就是数字（number）类型数据，"你好"和"abc"就是字符串（string）类型数据，true 和 false 就是布尔（boolean）类型数据等。数据类型的分类如表 2.1 所示。

表 2.1　数据类型的分类

数 据 类 型	具 体 类 型
基本数据类型	字符串类型、数字类型、布尔类型
复合数据类型	对象、数组
其他数据类型	函数、null（空）、undefined（未定义）

当把某个数据类型的值赋给一个变量时，这个变量的数据类型就是这个值的数据类型。示例如下：

```
var name="张三";
```

因为"张三"是字符串类型数据，所以变量 name 的数据类型就是字符串类型。再如：

```
var age=30;
```

因为 30 是数字类型数据，所以变量 age 的数据类型就是数字类型。

5. 常量

与变量对应的是常量。常量用来表示一个固定不变的值。例如，下面的数据都是常量：

```
123
25.78
"张三"
true
```

在 ECMAScript 6 以上版本中，常量可以使用关键字 const 来定义，如 const PI=3.14。常量在声明时可以使用大小写，但通常情况下全部用大写字母。常量一旦赋值，就不允许再被改变。

6. 字符串类型

1）字符串的定义

字符串是用来表示文本的数据类型，字符串类型是一种基本数据类型。字符串中的字符可以是字母、数字、标点符号、空格等。字符串必须用双引号或单引号包含。

例如，"张三"、"男"、"123"、" 'abc' "和'my_name'等都是字符串。

当双引号或单引号内什么都没有时，如""或''，这也是合法的字符串，此时称为空字符串。

2）转义符

如果要表示一些特殊的字符，如回车、换行等，就必须用转义符“\”。以下是常用的转义字符。

- \b：退格。
- \f：走纸换页。
- \n：换行。
- \r：回车。
- \t：横向跳格。
- \'：英文单引号。
- \"：英文双引号。
- \\：反斜杠。

例如，要输出反斜杠，就要使用“\\”，而不能使用“\”。因为“\”本身是一个转义符，不能直接输出。

需要注意的是，如果要在网页中输出的信息间添加换行，则不能使用转义字符“\r\n”，而要使用“
”。这是因为“\r\n”用于在文件中实现换行，要在网页中实现换行必须使用 HTML 语言中的
标签。

3）连接运算符

用于字符串的运算符号只有一个，就是连接运算符“+”，它的作用是将两个字符串连接起来。示例如下：

```
"张三"+"："+"男"
```

结果为“张三：男”。

任务分析

本任务旨在练习 JavaScript 语言中的变量的使用方法。使用变量的好处是可以使程序的可读性和可维护性增强。

任务实现

（1）创建一个页面文件“认识变量和字符串.html”。

（2）在<head></head>标签对中输入以下代码：

```
01    <script type="text/javascript">
02    var name="张三";
03    var sex="男";
04    document.write("姓名:"+name+"<br/>性别:"+sex);
05    </script>
```

（3）运行网页，在页面中打印信息，如图 2.4 所示。

图 2.4　在页面中打印的信息

代码解释

（1）第 02 行代码表示定义一个变量 name，并使它的值为“张三”。

（2）第 03 行代码表示定义一个变量 sex，并使它的值为“男”。

（3）第 04 行代码表示把信息用连接运算符“+”连接在一起并打印。在这行代码中，连接运算符“+”起连接信息的作用，如“"姓名："+name”连接起来的信息就是“姓名：张三”。打印的信息中的“
”表示在该位置输出一个
标签，从而起到换行的作用。

任务 2　输入对话框

提出任务

当页面被打开时，弹出一个输入对话框，要求输入姓名。输入内容并单击“确定”按钮后，会再次弹出一个输入对话框，要求输入性别。输入内容并单击“确定”按钮后，在页面中打印刚刚输入的姓名和性别。

知识预备

1．Window 对象

Window 对象表示浏览器窗口，它有很多方法和属性。例如，alert()、prompt()等都是 Window 对象的方法。因为任何一个全局函数或变量都是 Window 对象的属性，所以在使用时，该对象常常省略。又如，document.write()中的“document”实际上是 Window 对象的子对象，因此其完整形式为“window.document.write()”。在本书的项目 5 中会详细介绍 Window 对象。

2．prompt()方法

prompt()方法的功能是弹出一个输入对话框，语法格式如下：

```
prompt(<提示信息>[,默认值])
```

该方法返回的值就是用户在对话框中输入的值。如果用户输入了值，则返回值的类型是字符串类型。其中，参数“默认值”不是必需的，如果省略该参数，则当单击“确定”按钮时，IE 浏览器会返回“undefined”，其他浏览器会返回空字符串；当单击“取消”按钮时，所有浏览器都会返回“null”。

说明：“[”和“]”符号包含的部分不是必需的，“<”和“>”符号包含的部分是必需的。本书都采用这种表示方式。

任务分析

由于用户输入的姓名和性别会在最后一起被打印到页面中，因此需要先将用户输入的姓名和性别保存到变量中，再进行处理。

任务实现

（1）创建一个页面文件“输入对话框.html”。

（2）在<head></head>标签对中输入以下代码：

```
<script type="text/javascript">
var name=window.prompt("请输入您的姓名：","");
```

```
03    var sex=window.prompt("请输入您的性别：","男");
04    document.write("姓名："+name+"<br/>性别："+sex);
05    </script>
```

（3）运行网页，效果如图 2.5～图 2.7 所示。

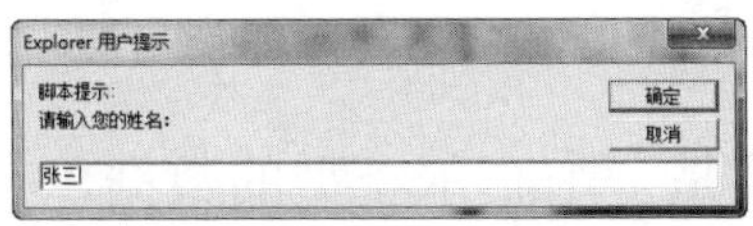

图 2.5　输入姓名

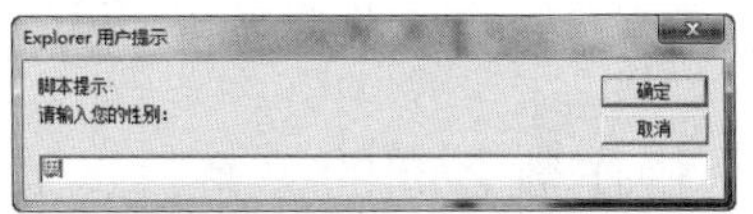

图 2.6　输入性别

图 2.7　显示结果

代码解释

第 02 行代码的作用是调用 Window 对象的 prompt()方法，会弹出一个输入对话框，该输入对话框中的默认输入值为空字符串。当用户输入内容并单击“确定”按钮后，用户输入的内容将被保存到变量 name 中。第 03 行代码的作用与第 02 行代码的作用类似，不同的是输入对话框中的默认输入值为“男”。

window.prompt("请输入您的姓名：","")中的“window”可以省略。

任务 3　判断整数

提出任务

当页面被打开时，弹出一个输入对话框，要求输入一个整数。如果输入的内容不是一个整数，则单击“确定”按钮后给出错误提示信息。

知识预备

1. 表达式

表达式既可以是常量或变量，也可以是由常量、变量和运算符号组成的语句。例如，下面的内容都是合法的表达式：

```
4.56
true
a>b
a+b
```

2．布尔类型

布尔类型是一种基本数据类型，表示真或假，通俗地理解为是或非、对或错等。它常常用于判断一个结果的是非性。它的值只有两个：true（真）和 false（假）。例如，8>4 的结果就是 true。又如 a<6，如果 a 的值比 6 小，则结果是 true；如果 a 的值比 6 大或等于 6，则结果是 false。

3．关系运算符

关系运算符的作用是比较两个操作数之间的关系，运算结果是一个布尔类型的数据，也就是 true 或 false。关系运算符如表 2.2 所示。

表 2.2　关系运算符

运　算　符	名　　称	举　　例
==	等于	a==b
!=	不等于	a!=b
===	全等于	a===b
!==	不全等于	a!==b
>	大于	a>b
<	小于	a<b
>=	大于或等于	a>=b
<=	小于或等于	a<=b

注意表 2.2 中等于运算符“==”和全等于运算符“===”的区别：等于运算符“==”只判断值是否相等，而全等于运算符“===”不仅要判断值是否相等，还要判断数据类型是否一致。例如，表达式"123"==123 的结果是 true，因为运算符左右两侧的操作数的值相等；表达式"123"===123 的结果是 false，因为虽然运算符左右两侧的操作数的值相等，但是数据类型不一致。

4．判断语句

判断语句有两类：一类是 if 判断语句，另一类是 switch 判断语句。

1）if 判断语句

if 判断语句有 3 种：if 语句、if…else 语句、if…else if…else 语句。

（1）if 语句的语法格式如下：

```
if(<条件>)
   [语句块]
```

if 语句的功能是：如果条件成立，即条件的结果为 true，则执行语句块。

【实例 2.1】if 语句的使用。

```
<script type="text/javascript">
var x=20;
if(x>10)
{
```

```
        alert(x+"比 10 大");
    }
    </script>
```

（2）if...else 语句的语法格式如下：

```
if(<条件>)
    [语句块 1]
else
    [语句块 2]
```

if…else 语句的功能是：如果条件成立，则执行语句块 1；如果条件不成立，则执行语句块 2。

【实例 2.2】 if...else 语句的使用。

```
<script type="text/javascript">
var x=20;
if(x>10)
{
    alert(x+"比 10 大");
}
else
{
    alert(x+"比 10 小");
}
</script>
```

（3）if...else if...else 语句的语法格式如下：

```
if(<条件 1>)
    [语句块 1]
else if(条件 2)
    [语句块 2]
…
else if(<条件 n>)
    [语句块 n]
else
    [语句块 n+1]
```

if…else if…else 语句的功能是：如果条件 1 成立，则执行语句块 1；如果条件 2 成立，则执行语句块 2；以此类推，如果条件 n 成立，则执行语句块 n；如果以上所有条件都不成立，则执行语句块 n+1。

【实例 2.3】 if...else if...else 语句的使用。

```
<script type="text/javascript">
var score=90;
if(score>=90)
{
    alert("成绩优秀");
}
else if(score>=70)
```

```
{
  alert("成绩良好");
}
else if(score>=60)
{
  alert("成绩及格");
}
else
{
  alert("成绩不及格");
}
</script>
```

（4）if 判断语句的嵌套。

if 判断语句允许嵌套，在嵌套时需要注意 if 与 else 的匹配，不要出现交叉嵌套的情况。例如，实例 2.3 也可以使用实例 2.4 中的方式来实现。

【实例 2.4】 if 判断语句的嵌套。

```
<script type="text/javascript">
var score=90;
if(score>=90)
{
  alert("成绩优秀");
}
else
{
  if(score>=70)
  {
    alert("成绩良好");
  }
  else
  {
   if(score>=60)
   {
     alert("成绩及格");
   }
   else
   {
     alert("成绩不及格");
   }
  }
}
</script>
```

2）switch 判断语句

switch 判断语句可以根据变量不同的值来选择执行相应的分支，有时用它可以改善 if...else if...else 语句的效率。switch 判断语句的语法格式如下：

```
switch(<常量、变量或表达式>)
{
   case <数值 1>:
       [语句块 1]
       <break;>
   case <数值 2>:
       [语句块 2]
       <break;>
   …
   case <数值 n>:
       [语句块 n]
       <break;>
   [default:]
       [语句块 n+1]
}
```

switch 判断语句的执行流程是：先计算变量或表达式的值，然后将其与数值 1 进行比较，如果相等，则执行语句块 1，执行完毕，遇到 break 语句，跳出整个 switch 判断语句；如果不相等，则将其与数值 2 进行比较，运行方式和前面相同；依次类推，将变量或表达式的值与其他 case 后面的值进行比较，运行方式和前面相同；如果所有 case 后面的值都与变量或表达式的值不相等，则执行 default 后的语句块 n+1。

【实例 2.5】 switch 判断语句的使用。

```
<script type="text/javascript">
var i=2;
switch(i)
{
    case 1:
        pos="东";
        break;
    case 2:
        pos="南";
        break;
    case 3:
        pos="西";
        break;
    case 4:
        pos="北";
        break;
    default:
        pos="迷路了";
}
document.write("你现在的方位是:"+pos);
</script>
```

因为变量 i 的值是 2，与第二个 case 后面的值相等，所以 pos 的值是"南"。这个实例使用

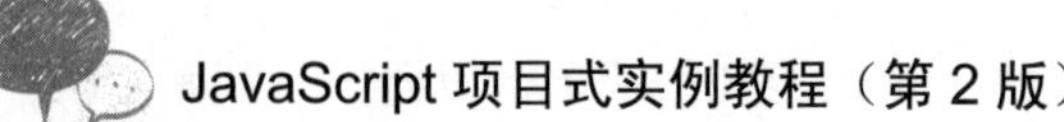

if...else if...else 语句也可以实现，但没有使用 switch 判断语句结构清晰。

值得注意的是，使用 switch 判断语句能实现的功能使用 if...else 语句都可以实现，但是反之就未必了。因为 case 后面的值不能是一个范围，只能是一个个离散的值，所以，switch 判断语句对处理条件是一个范围的情况就无能为力了。

当然，无论是 if 判断语句还是 switch 判断语句，它们都是可以嵌套使用的。

5．三目运算

三目运算是指根据条件执行两个语句中的一个，语法格式如下：

```
布尔表达式?语句 1:语句 2
```

如果布尔表达式的值为真，则执行语句 1；如果布尔表达式的值为假，则执行语句 2。其中，语句 1 和语句 2 既可以是简单语句，也可以是复合语句。示例如下：

```
<script type="text/javascript">
var a=1;
var b=2;
var c=(a>b)?a:b;
document.write("c="+c);
</script>
```

上述代码的执行结果如下：

```
c=2
```

任务分析

判断一个数是否为整数，可以使用 JavaScript 语言提供的 parseInt()函数实现。该函数用于将字符串中第一个非数字字符前的字符转换为整型数字（该函数将在后面内容中进行详细介绍）。如果一个数被该函数转换为整数后的结果与该数本身相等，则说明这个数原本就是一个整数。

任务实现

（1）创建一个页面文件“判断整数.html”。

（2）在<head></head>标签对中输入以下代码：

```
<script type="text/javascript">
var num=window.prompt("请输一个整数：","");
if(parseInt(num)==num)
{
    document.write(num+"是整数");
}
else
{
```

```
09          document.write(num+"不是整数");
10      }
11      </script>
```

（3）运行网页，效果如图 2.8～图 2.11 所示。

图 2.8　输入一个整数

图 2.9　判断结果 1

图 2.10　输入一个小数

图 2.11　判断结果 2

代码解释

（1）第 03 行代码中的“parseInt(num)==num”表示判断输入的数是否为整数。其中，parseInt(num)函数的作用是把参数 num 转换为整数。如果输入的数 num 被转换为整数后的结果与该数本身相等，则可以判定 num 是一个整数。

（2）第 03～10 行代码是一个 if 判断语句（if...else 语句）。该语句表示如果 parseInt(num)==num 成立，也就是输入的数 num 是一个整数，则打印信息，提示该数是整数，否则打印信息，提示该数不是整数。

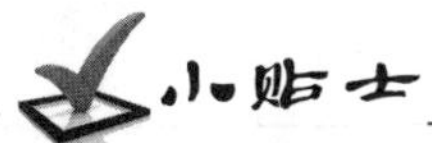

判断两个数是否相等的符号是两个等号“==”，不是一个等号“=”。一个等号是赋值符号，如“var a=3;”。

任务 4　判断奇偶数

提出任务

当页面被打开时，弹出一个输入对话框，要求输入一个整数。如果输入的内容为奇数，则单击“确定”按钮后打印信息，提示该数为奇数。如果输入的内容为偶数，则单击“确定”按钮后打印信息，提示该数为偶数。如果输入的内容为以下情况中的一种，就视为不合法输入，单击“确定”按钮后打印信息，提示错误。

①输入的内容不是数字。

②输入的内容是数字，但不是整数。

③未进行任何输入。

知识预备

1．逻辑运算符

逻辑运算符的操作数的数据类型是布尔类型，运算后返回的结果的数据类型还是布尔类型。逻辑运算符常常与比较运算符结合使用，以便完成复杂的比较运算。逻辑运算符如表 2.3 所示。

表 2.3　逻辑运算符

运　算　符	名　　称	举　　例	备　　注
&&	逻辑与	true && false（结果为 false） 9>8 && 7>8（结果为 false）	二元运算符。当两个操作数的值都为 true 时，结果才是 true
||	逻辑或	true || false（结果为 true） 9>8 || 7>8（结果为 true）	二元运算符。两个操作数中只要有一个操作数的值为 true，结果就是 true。当两个操作数的值都为 false 时，结果才是 false
!	逻辑非	!true（结果为 false） !(9>8)（结果为 false）	一元运算符。true 的非是 false，false 的非是 true

2．算术运算符

算术运算符的操作数的数据类型是数字类型，运算后返回的结果的数据类型还是数字类型。算术运算符如表 2.4 所示。

表 2.4　算术运算符

运　算　符	名　　称	举　　例	备　　注
+	加	a+b	二元运算符。加法运算，运算结果的数据类型是数字类型
−	减	a−b	二元运算符。减法运算，运算结果的数据类型是数字类型
*	乘	a*b	二元运算符。乘法运算，运算结果的数据类型是数字类型
/	除	a/b	二元运算符。除法运算，运算结果的数据类型是数字类型
%	模	a%b	二元运算符。取余数运算，运算结果的数据类型是数字类型
++	递增	a++ ++a	一元运算符，相当于加 1，要求操作数必须是变量，运算结果的数据类型是数字类型
−−	递减	a−− −−a	一元运算符，相当于减 1，要求操作数必须是变量，运算结果的数据类型是数字类型

说明：

（1）类似下面的赋值语句：

```
var i=i+1;
var k=k/4;
```

可以写为以下形式：

```
var i+=1;
var k/=4;
```

但是，递增运算符“++”和递减运算符“--”不能这样使用。下面是使用递增运算符和递减运算符的示例：

```
var j=1;
j++;
j--;
++j;
--j;
```

（2）递增运算符和递减运算符在变量的前面与后面有时会对程序的运算结果产生影响。示例如下：

```
var a=0;
var b=a++;
```

上述代码执行后，变量 b 的值是 0，而不是 1。在执行以下代码后，变量 b 的值才是 1：

```
var a=0;
var b=++a;
```

原因：当执行 b=a++时，先将变量 a 的值赋给变量 b，然后变量 a 的值才自增 1。而当执行 b=++a 时，先将变量 a 的值自增 1，然后将进行自增运算后的结果赋给变量 b。递减运算符和递增运算符类似。

3．运算符的优先级

当一个表达式中有多个运算符时，这些运算符需要遵循一定的优先顺序，以保证计算的正确性。因此，运算符都有自己的优先级，如表 2.5 所示。

表 2.5　运算符的优先级

优先级（从高到低）	运　算　符	顺　　序
1	小括号	()
2	一元运算符	++　--　!
3	算术运算符	先*　/　%，后+　-
4	关系运算符	>　>=　<　<=
5	关系运算符	==　!=　===　!==
6	逻辑运算符	先&&，后||
7	赋值运算符	=

例如，计算表达式“7>8 && 3<9 && 1==5”，因为关系运算符的优先级比逻辑运算符的优先级高，所以，先计算“7>8”、“3<9”和“1==5”。

再如，计算表达式“!a | | b && c”，因为一元运算符!的优先级最高，所以先计算“!a”；又因为逻辑运算符&&先于逻辑运算符||进行计算，所以接下来计算“b && c”。

当然，如果表达式很复杂，无法确认计算的优先顺序，则最简便的方法是将需要优先计算的部分用小括号“()”括起来。

4．isNaN()函数

isNaN()函数接收一个参数，用于检查这个参数是否“不是数值”。isNaN()函数在接收到一个值之后，会尝试将这个值转换为数值，如果能成功转换，则返回 false，否则返回 true。该函数的基本语法是 isNaN(value)，其中 value 就是要被检查的值。

例如，isNaN(100)的值是 false，原因是 100 是一个数值；isNaN ("100")的值也是 false，原因是 isNaN()函数将字符串"100"转换为了数字 100。但是 isNaN ("100abc")的值却是 true，原因是 isNaN()函数不能将字符串"100abc"转换为数值。

需要注意的是，当 value 为空格（或者由空格组成的字符串）、null 值时，该函数返回的值也是 false，原因是 isNaN()函数将这些值转换为了数字 0。

任务分析

判断一个整数是奇数还是偶数的条件：如果一个整数能被 2 整除，则该整数是偶数，否则该整数就是奇数。所以，只要判断一个整数对 2 取余数后得到的值是否为 0，即可判断该整数是偶数还是奇数。

任务实现

（1）创建一个页面文件“判断奇偶数.html”。

（2）在<head></head>标签对中输入以下代码：

```
<script type="text/javascript">
var num=window.prompt("请输一个整数：",0);
if(!isNaN(num) && num!="" && parseInt(num)==num)
{
    var res=num % 2;
    if(res==0)
    {
            document.write(num+"是偶数");
    }
    else
    {
            document.write(num+"是奇数");
    }
}
else
{
        document.write("输入的数字格式不对，不能判断奇偶数");
}
</script>
```

（3）运行网页，效果如图 2.12～图 2.15 所示。

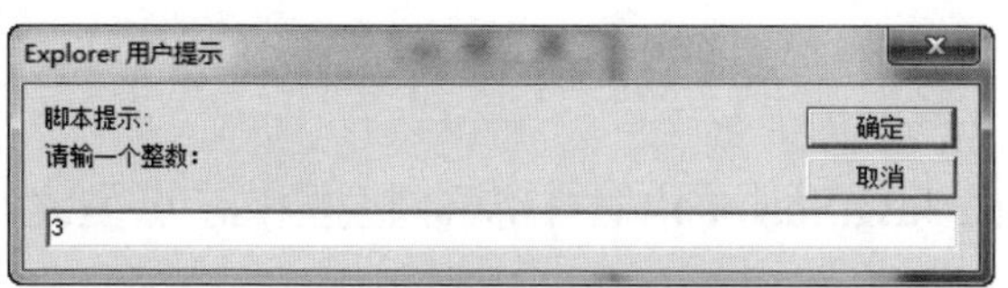

图 2.12　输入一个奇数

图 2.13　显示判断结果

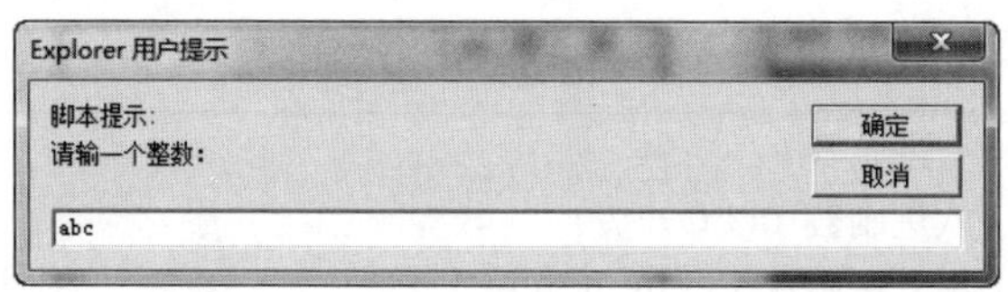

图 2.14　输入的数字格式不对

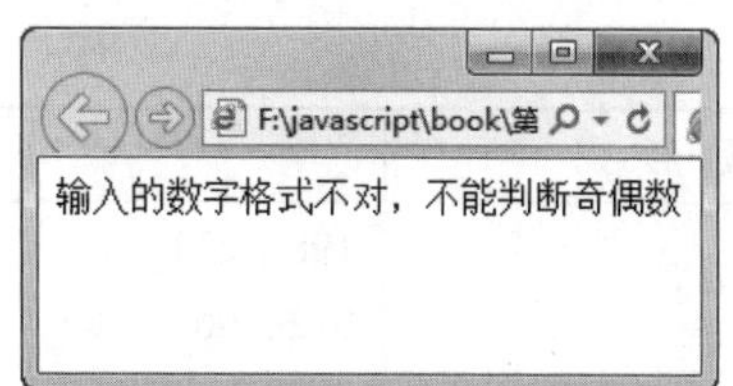

图 2.15　显示错误提示信息 1

代码解释

（1）第 03 行代码是外层的 if 语句的条件，表示只有同时满足输入的内容 num 是一个数字，并且是整数，同时不为空这 3 个条件才开始判断奇偶数，否则提示输入数字的格式错误。其中，函数名“isNaN”就是“is Not a Number”，表示不是一个数字。“!”符号是逻辑非运算符，表示否定。“&&”符号是逻辑与运算符，表示“并且”。

（2）第 05 行代码中的“%”符号是取余数运算符，它的作用是计算 num 除以 2 后的余数。如果余数是 0，则表示 num 是偶数，否则 num 就是奇数。

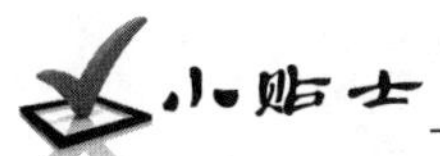

因为 prompt()方法返回的值的数据类型是字符串类型，所以变量 num 的数据类型也是字符串类型。虽然如此，但是 num % 2 的结果的数据类型却是数字类型。

任务 5　加法运算器

提出任务

当页面被打开时，弹出一个输入对话框，要求输入一个被加数；输入内容并单击“确定”按钮后，会再次弹出一个输入对话框，要求输入一个加数；输入内容并单击“确定”按钮后，打印这两个数的和。这两个数中只要有一个数的格式不正确，或者未输入任何内容，都给出相应的错误提示信息。

知识预备

1．数字类型

数字（number）类型是一种基本数据类型。在 JavaScript 语言中没有整型和浮点型之分，所有数字都是以数字类型来表示的。数字类型可以表示的数字如表 2.6 所示。

表 2.6　数字类型可以表示的数字

表 现 形 式	举　例	涵　义
整数	198、234 072、065 0xAF9、0x56E	十进制数 八进制数（以 0 开头） 十六进制数（以 0x 开头）
浮点数	1.0、3.489	有小数点
科学记数法	2.45E7	2.45×10^7
特殊数字	Infinity NaN	无限大 不是一个数字

例如，8/0 的结果是 Infinity，parseInt("abc")的结果是 NaN。

2．数据类型的转换

JavaScript 语言中所有数据类型的数据在进行运算时，都要进行数据类型的转换。进行数据类型的转换有两种方式，分别是隐式类型转换和显式类型转换。

我们已经学习了 JavaScript 语言的 3 种基本数据类型，即字符串（string）类型、布尔（boolean）类型、数字（number）类型。这里先介绍这些基本数据类型的转换。

1）隐式类型转换

隐式类型转换就是在进行数据运算时，不需要程序员干预，JavaScript 会自动将一种数据类型转换为另一种数据类型。示例如下：

```
document.write(true);
```

上述语句执行后，会在页面中打印字符串"true"，即 JavaScript 自动将布尔类型的 true 转换成了字符串类型的"true"。再如以下示例：

```
2+"3"
```

上述表达式的运算结果为“23”。因为“+”符号在 JavaScript 中有两种含义，当“+”符号两边的操作数的数据类型都是数字类型时，就当作算术加法运算；当“+”符号任意一边的操作数的数据类型是字符串类型时，就当作连接运算。所以在上述表达式中，JavaScript 会自动将数字类型的 2 转换为字符串类型的"2"，然后与字符串"3"进行连接运算。又如以下示例：

```
10/"2"
```

上述表达式的运算结果为 5。因为除号“/”只能用于数字类型操作数的运算，所以

JavaScript 会将字符串类型的"2"自动转换为数字类型的 2，然后与 10 进行算术除法运算。

基本数据类型的隐式转换的情形还有很多，具体如表 2.7 所示。

表 2.7　基本数据类型的隐式转换

数 据 类 型	在数字环境下转换	在字符串环境下转换	在布尔环境下转换
数字类型	无	（1）转换为内容为数字的字符串 （2）NaN 转换为"NaN"	（1）非 0 转换为 true，0 转换为 false （2）NaN 转换为 false
字符串类型	（1）空字符串转换为 0 （2）非空字符串转换为数字（当字符串中的内容为数字时）或 NaN（当字符串中的内容不是数字时）	无	（1）空字符串转换为 false （2）非空字符串转换为 true
布尔类型	（1）true 转换为 1 （2）false 转换为 0	（1）true 转换为"true" （2）false 转换为"false"	无

2）显式类型转换

显式类型转换必须经过程序员的干预。示例如下：

```
var a="1";
var b="2";
var c=a+b;
```

变量 c 的结果是"12"，如果要使变量 a 和变量 b 的计算结果是 3，则要将这两个变量的数据类型显式转换为数字类型，然后进行算术加法运算。

在 JavaScript 语言中，可以用 Number()、parseInt()、parseFloat()函数将字符串类型转换为数字类型。这 3 个函数的具体用法如表 2.8 所示。

表 2.8　将字符串显式转换为数字的函数

函　　数	功　　能	举　　例	结　　果
Number(字符串)	将字符串整体转换为数字	Number("4.56") Number("1.23.56")	4.56 NaN
parseInt(字符串)	将字符串中第一个非数字字符前的字符转换为整型数字	parseInt("12abc") parseInt("abc12") parseInt("1.8")	12 NaN 1
parseFloat(字符串)	将字符串中第一个非数字字符前的字符转换为浮点型数字	parseFloat("1.2abc") parseFloat("abc1.2") parseFloat("1.2e3abc")	1.2 NaN 1200

例如，上面示例中的代码可以修改为以下形式：

```
var a="1";
var b="2";
var c=Number(a)+Number(b);
```

此时，变量 c 的结果是 3。当然，也可以使用 parseInt()和 parseFloat()函数进行显式类型转换。

还有两个用于进行显式类型转换的函数是 Boolean()和 String()。

Boolean()函数的功能是将数字或字符串转换为布尔值。如果要转换的值是非空字符串、非 0 数字或对象，则转换后的值为 true；如果要转换的值是空字符串、数字 0、NaN、undefined 或 null，则转换后的值为 false。

String()函数的功能是将数字或布尔值转换为字符串。

3．查看数据类型

我们可以使用 typeof 运算符查看一个数据的数据类型。typeof 运算符有以下两种使用方式：

```
typeof(表达式)
typeof 变量名
```

例如，定义一个变量 a=10，那么 typeof a 返回的值是 number。当然，也可以写为 typeof(a)。再如，typeof(true)返回的值是 boolean，typeof("abc")返回的值是 string。

任务分析

本任务虽然可以使用 isNaN()函数判断输入的值是否为数字，但是因为该函数不能过滤空格（或者由空格组成的字符串）、null 值，所以可以使用 parseFloat()函数转换输入的值，通过判断转换后的值与输入的值是否相等来判断输入的值是否为数字，而且这种方法还可以过滤未输入任何内容的情况。prompt()函数的返回值是字符串类型数据，需要将其转换为数字类型数据才能进行加法运算，考虑到用户输入的数字中可能有小数，所以使用 parseFloat()函数进行转换。

任务实现

（1）创建一个页面文件“加法运算器.html”。

（2）在<head></head>标签对中输入以下代码：

```
<script type="text/javascript">
var num1=window.prompt("请输入被加数：",0);
var num2=window.prompt("请输入加数：",0);
if(parseFloat(num1) == num1 && parseFloat(num2) == num2)
{
    var res=parseFloat(num1)+parseFloat(num2);
    document.write(num1+"+"+num2+"="+res);
}
else
{
    document.write("输入的数字格式不正确！");
}
</script>
```

（3）运行网页，效果如图 2.16～图 2.19 所示。

图 2.16　输入被加数

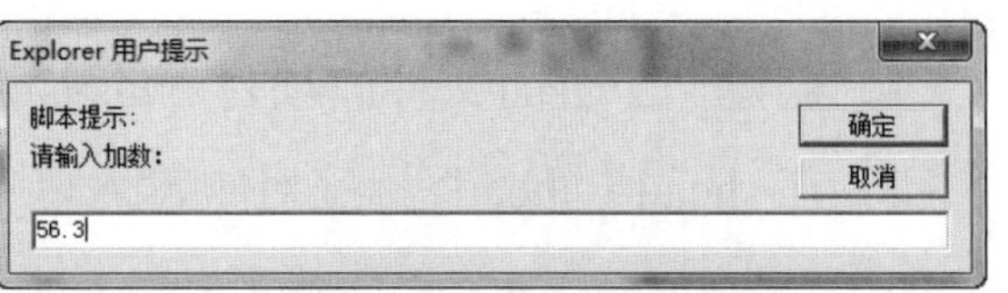

图 2.17　输入加数

图 2.18　显示结果

图 2.19　显示错误提示信息 2

代码解释

（1）第 04 行代码是判断条件，用逻辑与运算符“&&”把这些条件连接起来，表示只要有一个条件不满足，就不进行算术加法运算，从而打印错误提示信息。

（2）prompt()方法返回的值的数据类型是字符串类型，所以即便用户输入的内容是数字，返回的结果仍然是内容为数字的字符串。所以，num1 和 num2 是字符串类型的变量，num1 和 num2 相加并不是将这两个变量进行算术加法运算，而是进行连接运算。此时，必须先将 num1 和 num2 的数据类型转换为数字类型，然后才能进行算术加法运算。第 06 行代码中使用了一个 parseFloat()函数，该函数的作用是将字符串转换为浮点数（小数）。

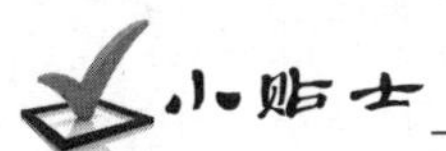

parseFloat()函数用于将字符串转换为浮点数，parseInt()函数用于将字符串转换为整数。

任务 6　“项目 2”的实现

项目分析

在本任务中，需要提供输入对话框，以及检验用户输入的内容是否合法。只有当用户输入的所有内容都合法时才进行计算。当输入的数字合法但运算符号不合法时就要进行处理。当进行算术除法运算时，还要考虑除数为 0 的情况。因为要进行算术运算，并且考虑到小数的问题，所以还要把输入的数字转换为浮点数。最后，为了更完整地显示结果，还需要把数字类型和字符串类型的数据连接在一起输出。

项目实现

（1）创建一个页面文件“项目 2 的实现.html”。

（2）在<head></head>标签对中输入以下代码：

```
<script type="text/javascript">
var num1=window.prompt("请输入第一个数：",0);
var num2=window.prompt("请输入第二个数：",0);
var op=window.prompt("请输入一个运算符号(+、-、×、÷)：","+");
if(parseFloat(num1) == num1 && parseFloat(num2) == num2)
{
    var n1=parseFloat(num1);
    var n2=parseFloat(num2);
    var flag=0;
    var res="";
    switch(op)
    {
        case "+":
            res=n1+n2;
            break;
        case "-":
            res=n1-n2;
            break;
        case "×":
            res=n1*n2;
            break;
        case "÷":
            if(n2!=0)  //如果除数不为 0
            {
                res=n1/n2;
            }
            else
            {
                flag=1;
                res="除数不能为 0！";
            }
            break;
            default:   //如果输入的运算符号不是+、-、×、÷中的任何一个
            flag=1;
            res="输入的运算符号错误！不能计算！";
    }
    if(flag==0)
    {
        document.write(n1+op+n2+"="+res);
    }
    else
    {
        document.write(res);
```

```
44          }
45      }
46      else
47      {
48          document.write("输入的数字格式错误！不能计算！");
49      }
50      </script>
```

（3）运行网页，效果见项目情境中的图 2.1～图 2.3。

代码解释

变量 flag 是一个标志，其初始值为 0（见第 09 行代码）。当除数为 0 或输入的运算符号错误时，将变量 flag 的值设置为 1（见第 29 行和第 34 行代码）。通过判断变量 flag 的值选择打印相关的信息（见第 37～44 行代码）。

拓展实训

（1）运行网页，依次弹出两个对话框，分别要求输入一个数，判断这两个数的关系（大于、小于、等于），并在页面中打印判断结果。要求检测输入内容的合法性。

（2）运行网页，依次弹出 4 个对话框，分别要求输入姓名、性别，以及语文、数学这两个科目的成绩。输入内容后打印所有的输入信息，以及语文、数学这两个科目的总成绩。要求检测输入内容的合法性。

统计成绩单——循环结构

项目情境

设计一个程序，要求能不断地弹出输入成绩对话框，如图 3.1 所示。在输入成绩时，检测输入内容的合法性，如果输入的内容不是数字或输入的内容为空，则给出错误提示信息，如图 3.2 所示，继续弹出输入成绩对话框输入成绩，直到用户输入一个截止符号“!”。在页面中打印所有输入的有效成绩，打印的格式为每行 4 个成绩。统计所有成绩的平均分数、最高分、最低分并打印。最后打印一个超链接“是否有不及格”。用户单击该超链接，如果没有不及格成绩，则弹出对话框提示没有不及格成绩。如果有不及格成绩，则弹出对话框提示有不及格成绩，如图 3.3 所示。

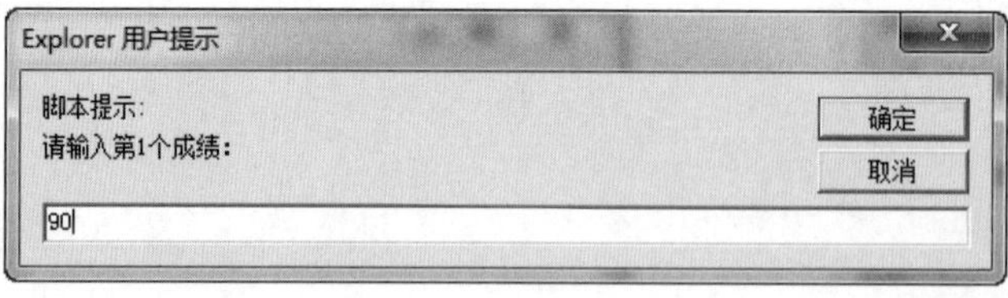

图 3.1　输入成绩对话框

图 3.2　错误提示信息

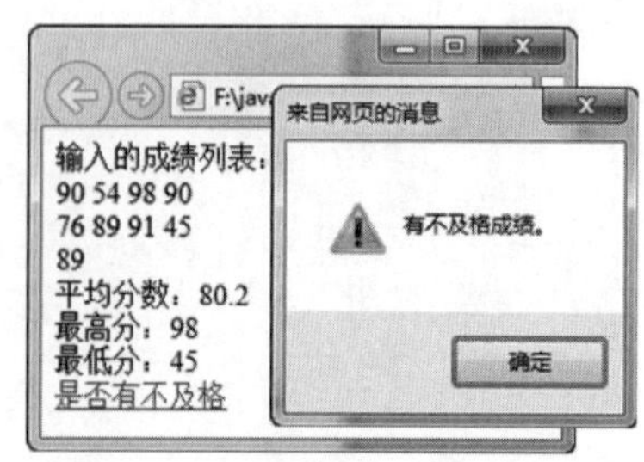

图 3.3　提示有不及格成绩

学习目标

- 初步了解数组的概念和使用方法。
- 初步了解对象的概念。
- 熟悉 Math（数学）对象的应用。
- 熟悉循环结构的使用方法。
- 熟悉变量的作用域。
- 培养逻辑思维和问题解决能力。
- 培养代码优化和性能意识。

任务 1 累加和累乘

提出任务

分别计算并打印 1+2+3+…+100 和 1×2×3×…×100 的值。

知识预备

1. 循环结构

判断结构可以根据不同的条件选择执行不同的代码，循环结构可以让程序不断地执行某段算法。循环结构语句包括 while 语句、do...while 语句、for 语句和 for...in 语句。这里先介绍前两种语句。

1）while 语句

while 语句的语法格式如下：

```
while(<逻辑表达式>)
   <语句块>
```

在上面的代码结构中，JavaScript 会先判断逻辑表达式的值，如果逻辑表达式的值为 true，则进入循环体，执行语句块。执行完毕，再次判断逻辑表达式的值，如果逻辑表达式的值仍然为 true，则再次进入循环体，执行语句块。如此不断重复，直到逻辑表达式的值为 false，才停止进入循环体，也就是退出循环，继续执行 while 语句后面的语句。例如，下面的程序段：

```
var i=0;
while(i<5)
{
    document.write(i);
    i++;
}
```

上述程序段的功能是在页面中打印数字 0～4。

上述程序段的执行过程是：定义一个用于计数的变量 i，其初始值为 0。因为初始时 i<5 为 true，满足循环条件，所以进入循环体，打印 0，然后变量 i 的值进行自增运算，变为 1。此时，循环体内部的代码第一遍执行完毕。接着回到 while 语句的入口处，继续判断此时变量 i 的值是否仍然小于 5。因为此时变量 i 的值为 1，满足循环条件，所以第二次进入循环体，执行代码。当变量 i 的值变为 4 时，仍然满足循环条件，所以继续进入循环体，执行代码，此时变量 i 的值进行自增运算，变为 5。接着回到 while 语句的入口处，判断循环条件已经不满足 i<5，表达式的值为 false，因此循环结束。最终变量 i 的值为 5。

2）do...while 语句

do...while 语句的语法格式如下：

```
do
    <语句块>
while(<逻辑表达式>);
```

与 while 语句不同，do...while 语句第一次进入循环体是无条件的。当第一次进入循环体并执行完循环体的语句块后，才判断逻辑表达式的值。如果此时逻辑表达式的值为 true，则继续执行循环体的语句块。如此循环，直到逻辑表达式的值为 false 才停止循环。也就是说，do...while 语句至少要执行一次循环体的语句块。例如，上面的程序段可以用 do...while 语句改写为以下形式：

```
var i=0;
do
{
    document.write(i);
    i++;
}
while(i<5)
```

2. 死循环

在循环结构中，一定要有使循环在某个时机结束的机制。例如，在上面的程序段中，i++ 就能使循环在 i 变成 5 时结束。试想，如果没有这个语句，则变量 i 的值将永远满足小于 5 的循环条件，所以循环将永不停止地执行下去，从而造成“死循环”。所谓“死循环”就是因为程序无法满足结束循环的条件或没有强制循环退出，从而使循环无休止地执行下去。在处理循环时一定要避免“死循环”的发生。

任务分析

对于连加，可以使用循环结构语句依次将数累加到同一个变量中，将该变量的初始值设置为 0；对于连乘，可以使用循环结构语句依次将数累乘到同一个变量中，将该变量的初始值设置为 1。

任务实现

（1）创建一个页面文件“累加和累乘.html”。

（2）在<head></head>标签对中输入以下代码：

```
01  <script type="text/javascript">
02  var sum=0;     //总和 sum
03  var f=1;       //总乘积 f
04  var i=1;       //计数 i
05  while(i<=100)
06  {
07      sum=sum+i;
08      f=f*i;
09      i++;
10  }
11  document.write("1+2+3+...+100="+sum+"<br/>1×2×3×...×100="+f);
12  </script>
```

（3）运行网页，结果如图 3.4 所示。

图 3.4　累加和累乘的结果

代码解释

上述代码的基本思路是：从 1 开始，依次不断地向某个变量（设为变量 sum 或 f）中加或乘一个数（设为变量 i），每做完一次，变量 i 的值就增加 1，直到变量 i 的值增加到 100。

先定义了 3 个变量 sum、f、i。变量 sum 存放当前累加的值，因为任何数与 0 相加还是这个数本身，所以将变量 sum 的初始值设置为 0；变量 f 存放当前累乘的值，因为任何数与 1 相乘还是这个数本身，所以将变量 f 的初始值设置为 1；变量 i 用来表示要累加或累乘的数，因为从 1 开始，所以将变量 i 的初始值设置为 1。

第 05～10 行代码是一个 while 语句，循环条件是 i<=100（见第 05 行代码）。只要变量 i 的值不超过 100，就把变量 i 的值不断地加到变量 sum 中（见第 07 行代码），并把变量 i 的值不断地乘到变量 f 中（见第 08 行代码）。每做完一次这些工作，就将变量 i 的值增加 1（见第 09 行代码）。当变量 i 的值超过 100 变为 101 时，循环结束。

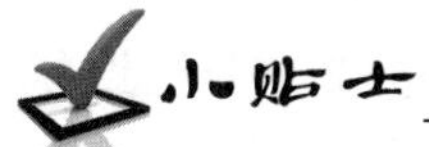

“sum=sum+i”也可以写为“sum+=i”。同样地，“f=f*i”也可以写为“f*=i”。i++等价于 i=i+1。

任务 2　最大值和最小值

提出任务

随机给出 10 个 0～100（包含 0 和 100）之间的整数，统计这 10 个数中的最大值和最小值。

知识预备

1. 数组

1）数组的概念

前面已经介绍了，在 JavaScript 语言中有三大类数据类型，即基本数据类型、复合数据类型和其他数据类型（见项目 2 的任务 1 中的表 2.1）。数组就是一种复合数据类型。

数组是一些数据元素（element）的集合，每个数据元素在数组中都有一个编号，通过编号可以引用这些数据元素。这些数据元素既可以是不同数据类型（如数字类型、字符串类型、布尔类型等）的数据，也可以是一个数组。

每个数组都有一个名称，其命名规则与变量名称的命名规则相同。

假如有一个数组 a，这个数组中有 5 个元素，分别是 10、20、"abc"、true、false，则可以把这个数组想象成有 5 个房间，每个房间中存放一个元素，每个房间的名称就是这个元素的名称，这个名称用数组名 a 加下标来表示，下标从 0 开始，并用中括号包含，即如 a[0]、a[1]等形式，如图 3.5 所示。

数组元素的值	10	20	"abc"	true	false
数组元素	a[0]	a[1]	a[2]	a[3]	a[4]

图 3.5　数组和数组元素

此时，可以认为数组 a 中有 5 个元素，分别为 a[0]、a[1]、a[2]、a[3]和 a[4]。其中，a[0]的值为 10、a[1]的值为 20、a[2]的值为"abc"、a[3]的值为 true、a[4]的值为 false。

2）数组的定义

定义一个数组的方式有两种：使用构造函数和直接定义。

（1）使用构造函数定义数组。

在 JavaScript 语言中，数组也是一种对象，称为数组对象。对象都可以通过一个构造函数来创建，所以数组也不例外（对象及构造函数的概念将在后面的项目中阐述）。使用构造函数定义一个数组的方式有以下 3 种：

```
new Array()
new Array(<数组元素的个数>)
new Array(<数组元素 1 的值>[,数组元素 2 的值]…)
```

第一种方式定义了一个空数组，未给定数组元素的个数及每个数组元素的值；第二种方式定义了数组元素的个数，但未给定每个数组元素的值；第三种方式在定义数组时直接给定了数组元素的个数及每个数组元素的值。

下面给出 3 个实例，分别用上述 3 种方式定义一个数组 a，并为其指定数组元素的值，以及统计数组赋值前后的长度。

【实例 3.1】使用第一种方式定义数组。

```
01    <script type="text/javascript">
02    var a=new Array();
03    document.write("数组赋值前的长度是："+a.length)
04    document.write("<br/>");
05    a[0]="abc";
06    a[1]=10;
07    a[2]=true;
08    document.write("数组赋值后的长度是："+a.length);
09    document.write("<br/>");
10    document.write("数组元素的值为："+a);
11    </script>
```

在上面的代码中，第 02 行代码表示使用构造函数 Array()定义一个空数组 a。第 03 行代码表示使用数组 a 的 length 属性计算数组 a 中元素的个数，或者称为数组 a 的长度。此时因为数组 a 中还没有元素，所以数组 a 的长度为 0。第 05～07 行代码表示分别为数组 a 中的 3 个元素赋值。第 08 行代码表示再次使用 length 属性计算赋值后的数组 a 的长度，此时数组 a 的长度为 3。第 10 行代码表示打印数组 a 中的所有元素。运行结果如图 3.6 所示。

图 3.6　使用第一种方式定义数组后的运行结果

【实例 3.2】使用第二种方式定义数组。

```
01    <script type="text/javascript">
02    var a=new Array(3);
03    document.write("数组赋值前的长度是："+a.length)
04    document.write("<br/>");
05    a[0]="abc";
06    a[1]=10;
07    a[2]=true;
08    document.write("数组元素的值为："+a);
09    document.write("<br/>");
10    document.write("数组赋值后的长度是："+a.length);
11    </script>
```

在上面的代码中，第 02 行代码表示使用构造函数 Array(3)定义一个数组 a。与第一种方式不同的是，在使用第二种方式定义数组 a 时，为数组 a 指定了元素个数 3。所以，虽然此时还没有为数组 a 中的元素赋值，但是赋值前的数组 a 的长度（见第 03 行代码）与赋值后的数组 a 的长度（见第 10 行代码）一样，均为 3。运行结果如图 3.7 所示。

图 3.7　使用第二种方式定义数组后的运行结果

【实例 3.3】使用第三种方式定义数组。

```
01    <script type="text/javascript">
02    var a=new Array("abc",10,true);
03    document.write("数组的长度是: "+a.length)
04    document.write("<br/>");
05    document.write("数组元素的值为: "+a);
06    </script>
```

在上面的代码中，第 02 行代码表示使用构造函数 Array("abc",10,true)定义一个数组 a。这里，在定义数组 a 的同时为数组元素赋了值。当然，数组元素的个数也就有了，所以第 03 行代码使用 length 属性计算出数组元素的个数是 3。运行结果如图 3.8 所示。

图 3.8　使用第三种方式定义数组后的运行结果

值得注意的是，在 JavaScript 语言中，数组的长度视最大下标而定。在上述 3 个实例中，假如在定义数组 a 后直接为 a[6]赋值，虽然没有为 a[3]、a[4]和 a[5]赋值，但是 a.length 的值却是 7。实际上，数组的 length 属性的值比数组中所定义的最高位元素的下标大 1。

（2）直接定义数组。

除了使用构造函数定义数组，还可以直接定义数组。直接定义数组的方式有两种：一种是先使用一对空的中括号定义一个空数组，然后为数组元素赋值；另一种是在一对中括号内放入数组元素的值，并使用逗号隔开。

【实例 3.4】使用第一种方式直接定义数组。

```
<script type="text/javascript">
var a=[];
a[0]="abc";
a[1]=10;
a[2]=true;
document.write("数组的长度是: "+a.length)
document.write("<br/>");
```

```
08	document.write("数组元素的值为："+a);
09	</script>
```

在上面的代码中，第 02 行代码表示直接定义一个空数组 a。当然，此时数组 a 的长度为 0。第 03～05 行代码表示分别为数组 a 中的 3 个元素赋值。在本项目的任务 2 中使用的就是这种定义方式。

【实例 3.5】使用第二种方式直接定义数组。

```
01	<script type="text/javascript">
02	var a=["abc",10,true];
03	document.write("数组的长度是："+a.length)
04	document.write("<br/>");
05	document.write("数组元素的值为："+a);
06	</script>
```

在上面的代码中，第 02 行代码表示直接定义一个数组 a，并为数组元素赋值。当然，在后面的程序中可以根据需要单独为数组 a 中的某个元素赋值。

3）引用数组元素的值

在上面的实例中，直接引用数组变量 a 就可以得到数组中所有元素的值。如果想得到数组中某些特定元素的值，则直接引用该数组元素的名称即可。例如，想要打印数组 a 中第 2 个元素的值，可以使用以下语句：

```
document.write(a[1]);
```

2. for 语句

前面学习了 while 语句和 do...while 语句，这里再学习一种新的循环语句——for 语句。

在 for 语句中，定义了一个循环变量，并指定这个循环变量的初始值、逻辑表达式及每次改变的值，使循环定义变得更加方便、直观。语法格式如下：

```
for(初始化变量;逻辑表达式;改变变量表达式)
    <语句块>
```

其中，初始化变量相当于为循环次数设定初始值；逻辑表达式相当于判断循环结束的条件；改变变量表达式用于改变循环变量的值，从而控制循环次数。

【实例 3.6】用 for 语句打印以下内容：

①1～10 中所有的整数。

②1～10 中所有的奇数和偶数。

```
<script type="text/javascript">
for(var i=1;i<=10;i++)
{
    document.write(i+"  ");
}
document.write("<br/>");
for(var i=1;i<=10;i=i+2)
```

```
08    {
09       document.write(i+"  ");
10    }
11    document.write("<br/>");
12    for(var i=2;i<=10;i=i+2)
13    {
14       document.write(i+"  ");
15    }
16    </script>
```

在上面的代码中，第 02～05 行代码表示打印 1～10 中所有的整数。在 for 语句的循环条件中，循环变量 i 的初始值是 1，终止值是 10，每循环一次，循环变量 i 的值增加 1。第 07～10 行代码表示打印 1～10 中所有的奇数。在 for 语句的循环条件中，循环变量 i 的初始值是 1，终止值是 10，每循环一次，循环变量 i 的值增加 2。第 12～15 行代码表示打印 1～10 中所有的偶数。在 for 语句的循环条件中，循环变量 i 的初始值是 2，终止值是 10，每循环一次，循环变量 i 的值增加 2。运行结果如图 3.9 所示。

图 3.9　用 for 语句打印的结果

【实例 3.7】用 for 语句遍历打印一个数组中所有元素的值。

```
01    <script type="text/javascript">
02    var a=[1,2,3,4];
03    for(var i=0;i<a.length;i++)
04    {
05       document.write(a[i]+"<br/>");
06    }
07    </script>
```

在上面的代码中，第 03～06 行代码是一个 for 语句，循环变量 i 的初始值是 0，终止值是数组 a 的长度 4（不包含），每循环一次，循环变量 i 的值增加 1，并且每次循环都打印一个数组元素的值。例如，在第一次循环时，循环变量 i 的值为 0，打印数组元素 a[0]的值；在第二次循环时，循环变量 i 的值为 1，打印数组元素 a[1]的值；以此类推，直到循环变量 i 的值为 4，退出循环。

3．for...in 语句

for...in 语句比较特殊，它是专为对象或数组服务的循环语句。使用它可以遍历对象的所有属性或数组中所有元素的索引值。语法格式如下：

```
for(变量 in 对象或数组)
    <语句块>
```

for…in 语句的基本原理是：每次循环都从对象中取出一个属性存放到变量中，或者从数组中取出一个元素的索引值存放到变量中，在下次循环时再取出对象的下一个属性或数组的下一个元素的索引值，直到取完对象的所有属性或数组中所有元素的索引值。

【实例 3.8】用 for...in 语句遍历打印一个数组中所有元素的值。

```
01    <script type="text/javascript">
02    var a=[1,2,3,4];
03    for(var i in a)
04    {
05        document.write(a[i]);
06    }
07    </script>
```

在上面的代码中，第 03～06 行代码是一个 for...in 语句，其定义了一个循环变量 i，依次从数组 a 中取出元素的索引值存放到循环变量 i 中，并打印当前数组元素 a[i]的值。

需要注意的是，for…in 语句从数组中取出的元素索引值是字符串类型数据，并不是数字类型数据。例如，在实例 3.8 中，循环里获取到的 i 的值的类型为 string。

4．循环语句的嵌套

我们已经学习了循环的所有语句，无论哪种循环语句，都可以相互嵌套，这与 if 判断语句的嵌套类似。

【实例 3.9】打印九九乘法表。

```
01    <script type="text/javascript">
02    for(var i=1;i<10;i++)
03    {
04        for(var j=1;j<=i;j++)
05        {
06            document.write(j +"×"+ i +"=" + (i*j) + " ");
07        }
08        document.write("<br/>")
09    }
10    </script>
```

在上面的代码中，有两层 for 循环结构，外层循环是第 02～09 行代码，循环变量是 i，内层循环是第 04～07 行代码，循环变量是 j。外层循环中变量 i 的初始值是 1，终止值是 9，控制乘法表的行数；内层循环中变量 j 的初始值是 1，终止值是 i，控制乘法表的列数。只有当内层循环结束时外层循环才能开始下一次循环。

为了方便分析，我们选择只考虑当 i=5 时的情形。外层循环开始，首先执行第 04 行代码，从而进入内层循环。此时，内层循环中变量 j 的值从 1 开始，循环到 5 结束，每次循环变量 j 的值增加 1，每轮循环都在同一行中打印一个由 5 和当前的 j 组成的乘法算式。当 j=i，即 j=5 时，内层循环结束，此时执行第 08 行代码，即打印一个换行。此时，外层的一次循环结束。

紧接着 i=6，开始下一轮循环。运行结果如图 3.10 所示。

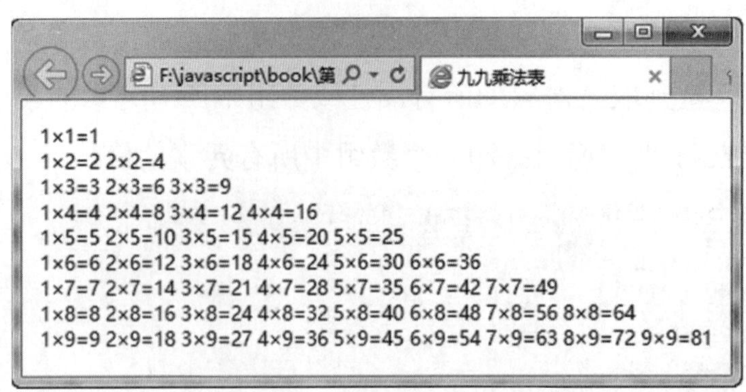

图 3.10　打印的九九乘法表

5. 对象

1）对象的概念

在现实生活中，任何物体都可以被看作是一个对象。例如，一辆汽车就可以是一个对象。这辆汽车有颜色、排量、品牌等特征信息，这些就是汽车这个对象的“属性”。汽车可以前进、后退和停止，这些就是汽车这个对象的“方法”。当然，汽车不能自己前进、后退和停止，必须由人（也就是用户或外界条件）来操纵它。例如，司机踩了油门，汽车才会前进或后退；司机踩了刹车，汽车才会停止。踩油门、踩刹车等由用户或外界条件触发的动作称为对象的事件。

所以，归纳起来，对象有 3 个要素：属性、方法和事件。

2）使用属性和方法

引用或修改对象的属性的语法格式如下：

```
对象.对象的属性
对象[对象的属性]  //其中，“对象的属性”要使用双引号或单引号括起来
```

调用对象的方法的语法格式如下：

```
对象.对象的方法名([参数列表])
```

实际上，通过前面的任务，我们已经初步接触了对象。例如，Window 对象有 alert()、prompt()、parseInt()、parseFloat()等方法；Document 对象有 write()方法。<body>标签也可以被看作是一个对象，它有 onload 事件；<input>标签也可以被看作是一个对象，它有 onclick 事件等。

JavaScript 语言是一种基于对象的语言，因此学习对象非常重要。后面的项目中还会接触到更多的对象。

3）Math 对象

在 JavaScript 语言中，Math 对象（数学对象）是一种系统对象，它为数学计算提供了常量和数学函数。Math 对象有一些属性和方法，分别如表 3.1 和表 3.2 所示。这些属性和方法不必强行记忆，在需要时查阅相关资料即可。

表 3.1 Math 对象的属性

属　性	描　述
E	返回算术常量 e，即自然对数的底数（e 约等于 2.718）
LN2	返回 2 的自然对数（约等于 0.693）
LN10	返回 10 的自然对数（约等于 2.302）
LOG2E	返回以 2 为底的 e 的对数（约等于 1.414）
LOG10E	返回以 10 为底的 e 的对数（约等于 0.434）
PI	返回圆周率（约等于 3.141 59）
SQRT1_2	返回 2 的平方根的倒数（约等于 0.707）
SQRT2	返回 2 的平方根（约等于 1.414）

表 3.2 Math 对象的方法

方　法	描　述
abs(x)	返回数的绝对值
acos(x)	返回数的反余弦值
asin(x)	返回数的反正弦值
atan(x)	返回 x 的反正切值（数值在-PI/2～PI/2 弧度之间）
atan2(y,x)	返回从 x 轴到点（x,y）的角度（数值在-PI/2～PI/2 弧度之间）
ceil(x)	对数进行上舍入
cos(x)	返回数的余弦值
exp(x)	返回 e 的指数
floor(x)	对数进行下舍入
log(x)	返回数的自然对数（底数为 e）
max(x,y)	返回 x 和 y 中的最大值
min(x,y)	返回 x 和 y 中的最小值
pow(x,y)	返回 x 的 y 次幂
random()	返回 0～1 之间的随机数（包含 0 但不包含 1）
round(x)	把数四舍五入为最接近的整数
sin(x)	返回数的正弦值
sqrt(x)	返回数的平方根
tan(x)	返回角的正切值
toSource()	返回该对象的源代码
valueOf()	返回 Math 对象的原始值

例如，要计算一个半径为 r 的圆的面积 s，可以使用以下语句：

```
var s=Math.PI*Math.pow(r,2);
```

或者

```
var s=Math['PI']*Math.pow(r,2);
```

其中，PI 是 Math 对象的属性，表示圆周率；pow()是 Math 对象的方法，用于计算 r 的平方。在本任务的实现代码中就使用了 Math 对象的 round()方法和 random()方法。

任务分析

（1）随机数可以使用 Math 对象的 random()方法产生。

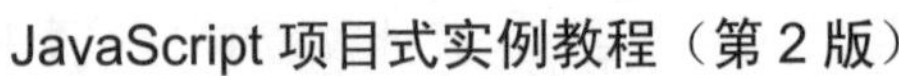

（2）求最大（或最小）值就是比较大小的过程，每次比较都将大（或小）的数存储到一个变量中，比较结束后，变量中最终存储的数就是最大（或最小）值。

任务实现

（1）创建一个页面文件“最大值和最小值.html”。

（2）在<head></head>标签对中输入以下代码：

```
<script type="text/javascript">
var ele=[];
for(var i=0;i<10;i++)
{
    ele[i]=Math.round(Math.random()*100);
    document.write(ele[i]+"  ");
}
var e_max=ele[0];
var e_min=ele[0];
for(var i=0;i<10;i++)
{
    if(ele[i]>e_max)
    {
        e_max=ele[i];
    }
    if(ele[i]<e_min)
    {
        e_min=ele[i];
    }
}
document.write("<br/>最大值："+e_max+"<br/>最小值："+e_min);
</script>
```

（3）运行网页，显示的页面内容如图 3.11 所示。

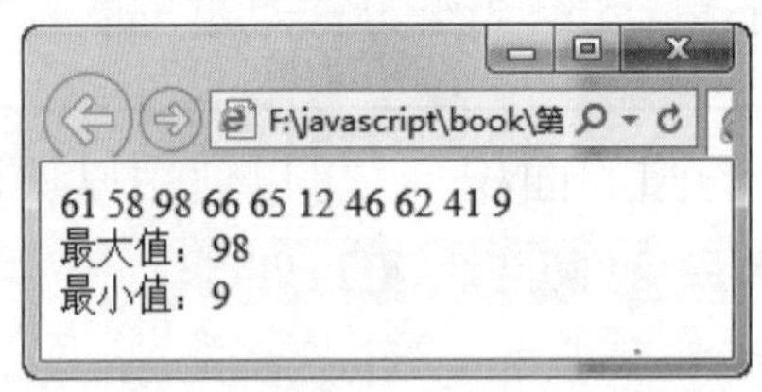

图 3.11　显示随机数、最大值和最小值

代码解释

上述代码的基本思路是：先随机产生 10 个 0～100（包含 0 和 100）之间的整数并存储起来，然后从这 10 个数中查找出最大的数和最小的数。

1. 产生并存储这 10 个数

random()函数可以产生一个 0～1（包含 0，不包含 1）之间的随机数。这个函数是 Math 对象的一个方法，所以在使用时必须使用 Math.random()。在第 05 行代码中，Math.random()*100 用于产生一个 0～100（包含 0，不包含 100）之间的随机数。因为这个随机数是一个浮点数，为了得到一个整数，所以使用 round()函数对这个浮点数进行了四舍五入。round()函数也是 Math 对象的一个方法。对一个 0～100（包含 0，不包含 100）之间的随机数进行四舍五入后，有可能得到 100。例如，某个随机数是 99.6，则对其进行四舍五入后就是 100，这也是使用 round()函数的目的。

因为每产生一个随机整数就要存储到一个变量中，所以需要 10 个不同的变量，而定义 10 个变量显然是不合适的，因此使用了一种新的数据类型——数组。第 02 行代码表示定义一个数组，这个数组的名称为 ele，该数组中默认没有元素。第 03～07 行代码是一个 for 语句，循环变量 i 的取值范围为 0～10（不含 10），每循环一次，变量 i 的值增加 1，共循环 10 次。每循环一次，就产生一个 0～100（包含 0 和 100）之间的随机整数，并存储在数组 ele 的一个元素中（见第 05 行代码），同时打印这个元素的值（见第 06 行代码）。

2. 查找最大值和最小值

在一组数中查找最大值的方法：首先默认这组数中的第一个数就是最大的数，把这个数存储到一个变量中；然后将余下的数依次与该变量中的数进行比较，一旦发现某个数比该变量中的数大，就把这个数存储到该变量中。这样，在比较完成后，该变量中留下的数就是最大的数。查找最小值的方法与该方法类似。

第 08 行和第 09 行代码分别表示定义变量 e_max 和 e_min，这两个变量分别存储最大值和最小值，默认都是数组中第一个元素的值，即 ele[0]。

因为需要将变量 e_max 和 e_min 中的值分别与数组 ele 中每个元素的值依次进行比较，所以需要使用 for 循环语句（见第 10～20 行代码），循环次数为 10 次（见第 10 行代码）。在每次循环中，依次将数组 ele 中每个元素的值与变量 e_max 和 e_min 的值分别进行比较。如果数组中当前元素的值比变量 e_max 中的值大，就把该值赋给变量 e_max（见第 12～15 行代码）；如果数组中当前元素的值比变量 e_min 中的值小，就把该值赋给变量 e_min（见第 16～19 行代码）。

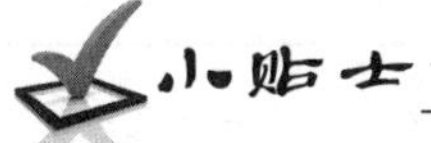

可以使用以下表达式得到一个 min～max（包含 min，但不包含 max）之间的随机整数：

```
Math.floor(Math.random() * (max - min)) + min
```

任务 3 循环的跳转

提出任务

有一个字符串"I am a student"，用循环语句查找第一个字符“t”在字符串中的位置。

知识预备

1. 字符串对象

在项目 2 的任务 1 中，我们已经初步接触了字符串类型的数据，但只是将字符串类型作为一种基本数据类型来理解。实际上，在 JavaScript 语言中，字符串也是一个对象，称为字符串对象。

1）创建字符串对象

可以使用构造函数 String()创建字符串对象，语法格式如下：

```
new String(str)
```

或者

```
String(str)
```

其中，参数 str 是字符串变量或具体的字符串的值。示例如下：

```
var str1=new String("javascript");
var str2=String("javascript");
```

2）属性和方法

字符串对象有一些属性和方法，分别如表 3.3 和表 3.4 所示。这些属性和方法不必强行记忆，在需要时查阅相关资料即可。

表 3.3 字符串对象的属性

属　性	描　述
constructor	引用创建当前对象的函数
length	字符串的长度
prototype	允许用户向对象添加属性和方法

表 3.4 字符串对象的方法

方　法	描　述
charAt()	返回指定位置的字符
charCodeAt()	返回指定位置的字符的 Unicode 编码
concat()	连接两个或更多字符串，并返回新的字符串
indexOf()	在字符串中从指定的起始位置开始顺序查找指定的子字符串，返回子字符串第一次出现的位置
lastIndexOf()	在字符串中从指定的起始位置开始倒序查找指定的子字符串，返回子字符串第一次出现的位置
localCompare()	用本地特定的顺序来比较两个字符串

续表

方　法	描　述
match()	在字符串中检索指定的值，或者找到一个或多个正则表达式的匹配
replace()	替换与正则表达式匹配的子字符串
search()	在字符串中检索指定的子字符串，或者检索与正则表达式匹配的子字符串，并返回第 1 个子字符串在字符串中的起始位置
slice()	提取字符串的片段，并在新的字符串中返回被提取的部分
split()	把字符串分割为字符串数组
strike()	使用删除线来显示字符串
substr()	提取字符串中从指定位置开始指定长度的字符
substring()	提取字符串中两个指定位置之间的字符
toLocaleLowerCase()	把字符串中的字符转换为小写字母，同时考虑宿主环境的当前区域设置
toLocaleUpperCase()	把字符串中的字符转换为大写字母，同时考虑宿主环境的当前区域设置
toLowerCase()	把字符串中的字符转换为小写字母
toUpperCase()	把字符串中的字符转换为大写字母
toSource()	返回字符串对象的源代码
toString()	返回字符串
valueOf()	返回某个字符串对象的原始值

下面是针对表 3.4 中列出的字符串对象的一些常用方法的实例。

【实例 3.10】 charAt()方法的使用。

charAt()方法的功能是返回字符串中指定位置的字符，语法格式如下：

```
字符串对象.charAt(<位置>)
```

下面代码的功能是创建一个字符串对象，查找字符串中第 4 个位置的字符。

```
<script type="text/javascript">
var str=new String("javascript");      //创建一个字符串对象 str
var char=str.charAt(4);
document.write(char);
</script>
```

因为字符串中的第 1 个字符对应的位置是 0，所以变量 char 返回的值是字符“s”。

如果是一个字符串变量，则也可以使用表 3.3 中的属性和表 3.4 中的方法。示例如下：

```
var str="javascript";        //创建一个字符串变量 str
var len=str.length;
var char=str.charAt(4);
```

【实例 3.11】 indexOf()方法和 lastIndexOf()方法的使用。

indexOf()方法的功能是在字符串中从指定的起始位置开始顺序查找指定的子字符串，返回子字符串第一次出现的位置，如果未找到，则返回-1。语法格式如下：

```
字符串对象.indexOf(<子字符串>[,查找的起始位置])
```

如果省略“查找的起始位置”参数，则表示从字符串的开头开始查找。

lastIndexOf()方法的功能是在字符串中从指定的起始位置开始倒序查找指定的子字符串，返回子字符串第一次出现的位置，如果未找到，则返回-1。语法格式如下：

```
字符串对象.lastIndexOf(<子字符串>[,查找的起始位置])
```

如果省略“查找的起始位置”参数，则表示从字符串的末尾开始查找。

下面代码的功能是从字符串"I am JavaScript language"中查找子字符串"script"和子字符串"age"的位置：

```
01    <script type="text/javascript">
02    var str="I like JavaScript language";
03    var pos1=str.indexOf("script");
04    var pos2=str.indexOf("age",5);
05    document.write("子字符串\"script\"的位置是："+pos1+"子字符串\"age\"的位置是：
06    "+pos2+"<br/>");
07    var pos3=str.lastIndexOf("script");
08    var pos4=str.lastIndexOf("age",5);
09    document.write("子字符串\"script\"的位置是："+pos3+"子字符串\"age\"的位置是：
10    "+pos4);
11    </script>
```

第 03 行代码中的 indexOf()方法省略了第 2 个参数，默认从第 0 个位置（即第 1 个字符）开始从前向后查找，返回的结果是 11。第 04 行代码表示从第 5 个位置（即第 6 个字符）开始从前向后查找，返回的结果是 23。第 07 行代码中的 lastIndexOf()方法省略了第 2 个参数，表示从最后一个位置开始从后向前查找，返回的结果是 11。第 08 行代码表示从第 5 个位置开始从后向前查找，显然找不到子字符串"age"，返回的结果是-1。

【实例 3.12】 substring()方法和 substr()方法的使用。

substring()方法的功能是提取字符串中两个指定位置之间的字符。语法格式如下：

```
字符串对象.substring(<开始位置>[,结束位置])
```

如果省略“结束位置”参数，则表示一直提取到字符串的末尾。

substr()方法的功能是提取字符串中从指定位置开始指定长度的字符。语法格式如下：

```
字符串对象.substr(<开始位置>[,长度])
```

如果省略“长度”参数，则表示一直提取到字符串的末尾。

下面代码的功能是创建一个字符串对象，查找字符串中从第 4 个位置开始到第 8 个位置之间的字符。

```
01    <script type="text/javascript">
02    var str=new String("javascript");
03    var char1=str.substring(4,8);
04    var char2=str.substr(4,4);
05    document.write(char1+"<br/>");
06    document.write(char2);
07    </script>
```

第 03 行代码在 substring()方法中指定了开始位置 4 和结束位置 8，即包含第 4 个位置的字符，但不包含第 8 个位置的字符，变量 char1 的结果是字符串"scri"。如果省略结束位置 8，则从第 4 个位置开始取完余下的所有字符。第 04 行代码在 substr()方法中指定了开始位置 4

和截取的长度 4，变量 char2 的结果也是字符串"scri"。如果省略截取的长度 4，则从第 4 个位置开始取完余下的所有字符。

对于字符串对象的其他方法，这里不再一一举例，请读者查阅相关资料自行学习。

2. 循环的跳转

循环的跳转是指不等循环次数全部执行完毕，中途强行退出循环，或者不等当前这轮循环结束就进入下一轮循环。用于循环的跳转的语句有 break 语句和 continue 语句。

1）break 语句

在前面学习 switch 判断语句时，我们已经了解了 break 语句的功能，即结束 switch 判断语句。在循环中，break 语句的作用是结束循环的执行，即使循环的次数还没有执行完，也不再执行。

【实例 3.13】break 语句的使用。

```
01    <script type="text/javascript">
02    for(var i=1;i<10;i++)
03    {
04        if(i==4)
05        {
06            break;
07        }
08        document.write(i);
09    }
10    </script>
```

在上面的代码中，第 02～09 行代码是一个 for 语句，用于打印 1～9，但是每次循环都要先判断变量 i 的值是否为 4，一旦条件成立，就立即执行 break 语句，停止整个循环，所以结果只打印出“123”。

2）continue 语句

continue 语句只能用于循环中，它的作用和 break 语句的作用类似，但不同的是，break 语句用于结束整个循环，而 continue 语句则用于结束当前正在执行的这轮循环，进入下一轮循环。

【实例 3.14】continue 语句的使用。

```
<script type="text/javascript">
for(var i=1;i<10;i++)
{
    if(i==4)
    {
        continue;
    }
    document.write(i);
}
</script>
```

上面的代码与实例 3.13 中的代码不同的地方是将 break 换成了 continue，当变量 i 的值为 4 时，执行 continue 语句，结束了本轮循环，第 08 行代码没有执行就开始了下一轮循环，也就是当变量 i 的值为 5 时的循环，所以结果中没有打印“4”，只打印出了“12356789”。

任务分析

要在字符串"I am a student"中找出第一个字符“t”的位置，可以使用字符串对象的 indexOf()方法，但这里我们尝试不借助该方法而自行实现。我们可以使用循环从第 1 个字符开始查找，每次循环都取出一个字符与字符“t”进行比较，一旦发现相等，就记下当前的位置，此时，位置已经找到，就没有必要再继续查找了，所以可以结束循环的执行，跳出循环。

任务实现

（1）创建一个页面文件“循环的跳转.html”。

（2）在<head></head>标签对中输入以下代码：

```
01    <script type="text/javascript">
02    var str = "I am a student";
03    var str_len = str.length;
04    var iPos = 0;
05    for(var i=0;i<str_len;i++)
06    {
07            if(str.charAt(i)=="t")
08            {
09                    iPos=i+1;
10                    break;
11            }
12    }
13    document.write("字符串\""+str+"\"中的第一个字符“t”的位置为"+iPos);
14    </script>
```

（3）运行网页，结果如图 3.12 所示。

图 3.12　循环的跳转

代码解释

第 05～12 行代码使用了一个 for 循环来遍历字符串 str，从字符串中的第 1 个字符开始，每次循环都取出一个字符与字符“t”进行比较（见第 07 行代码），一旦发现相等，就记下当前的位置，该位置的值与当前循环次数的值相等（见第 09 行代码，之所以将 i 的值加 1，是为了普通用户的习惯，即从 1 开始计数）。因为此时目的已经达到，虽然还没有达到循环结束的次数，但是后面的循环已经没有意义了，所以使用 break 语句强行结束了循环（见第 10 行代码）。

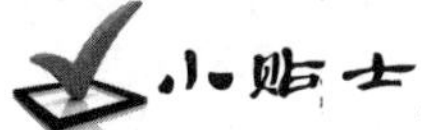

空格也是有效的字符串，一个空格的长度是 1。

任务 4 “项目 3”的实现

知识预备

1. 函数

在前面的项目和任务中，我们已经初步接触了函数，知道函数是用于完成某个功能的程序块，可以被其他程序调用，从而使程序变得清晰、易扩展。函数可以分为两大类：自定义函数和系统函数。

1）自定义函数

自定义函数是指程序员将 JavaScript 代码写成一个函数的形式，以便调用，语法格式如下：

```
function 函数名称([参数列表])
{
        [语句块]
        [return <返回值>]
}
```

其中，function 是关键字；函数名称的命名规则与变量名称的命名规则相同；参数列表用于接收调用函数时传递过来的值，它是由 0 个或多个参数组成的列表，如果有多个参数，则参数之间使用逗号隔开。“{”和“}”符号包含的部分是函数体部分。其中，语句块是函数的功能代码块，返回值是调用该函数时函数返回的值。函数返回值不是必需的，可以根据需要而定。

需要注意的是，当程序解释到自定义函数时，函数会被预加载到内存中，但是并没有执行，而是等待被调用。只有被调用了，函数才会真正地被执行。

2）函数参数

程序设计中常常通过在编写函数时定义参数（称为形式参数，简称形参），而在调用函数时传入具体的数值（称为实际参数，简称实参）的方法实现函数功能的灵活性和可扩展性。

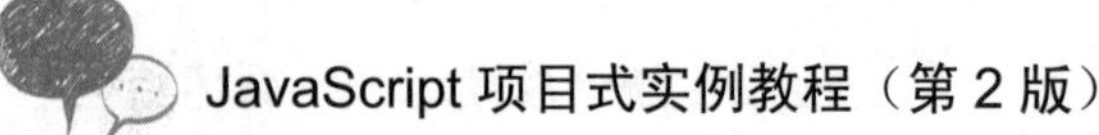

形参必须是变量，而实参则既可以是具体的值，也可以是变量。

调用函数的语法格式如下：

```
函数名称([参数值列表]);
```

其中，参数值列表中的参数就是实参，它不是必需的，可以根据需要而定。需要注意的是，即便没有参数值列表，在调用函数时也不能省略一对小括号。如果有一个以上的实参，则参数之间使用逗号隔开。

对于形参和实参还需要注意以下几点。

①形参与实参要一一对应，也就是传递的顺序要一致。

②形参的个数与实参的个数原则上要求一致。如果形参的个数大于实参的个数，则多余的形参的值将被赋予 undefined（表示未定义）；如果形参的个数小于实参的个数，则多余的实参将被舍弃。

③用于定义形参的变量不能添加关键字 var，直接写变量名即可。例如，下面的写法是错误的：

```
function ok(var x,var y)
{
        …
}
```

④形参只能是变量，不能是一个表达式。例如，下面的写法是错误的：

```
function ok(x+y)
{
        …
}
```

【**实例 3.15**】无返回值的自定义函数的使用。

```
01    <script type="text/javascript">
02    function add(x,y)
03    {
04        var z=x+y;
05        document.write(z);
06    }
07    add(3,4);
08    </script>
```

在上面的代码中，第 02～06 行代码表示定义一个自定义函数 add()，其中定义了两个形参 x 和 y 用于接收两个值。第 04 行和第 05 行代码是函数体部分，功能是先计算形参 x 与 y 的和并存储在变量 z 中（见第 04 行代码），然后打印变量 z 的值（见第 05 行代码）。第 07 行代码表示调用 add()函数，在调用该函数时传递了两个实参 3 和 4。其中，实参 3 传给了形参 x，实参 4 传给了形参 y。add()函数先将传递过来的 3 和 4 相加，并将结果 7 存储在变量 z 中，然后打印变量 z 的值。

【实例 3.16】有返回值的自定义函数的使用。

```
01    <script type="text/javascript">
02    function add(x,y)
03    {
04        var z=x+y;
05        return z;
06    }
07    var res=add(3,4);
08    document.write(res);
09    </script>
```

在上面的代码中，与实例 3.15 中的代码不同的是，第 05 行代码没有将变量 z 的值直接输出，而是通过 return 语句将它的值返回了。第 07 行代码表示调用 add()函数，并将调用该函数后返回的结果赋给变量 res。在调用 add(3,4)后，该函数通过变量 z 返回的值是 7，所以变量 res 的值就是 7。

在函数体中，如果去掉第 05 行代码，则这个函数就没有返回值，此时，第 07 行代码在调用该函数时函数体虽然依然被执行，但是并没有返回一个结果值，所以变量 res 的值为 undefined。

3）系统函数

系统函数也称内置函数，是 JavaScript 内部定义好的函数，能完成一些特定的功能。用户不必知道系统函数是如何实现的，直接调用就可以。前面已经学习的诸如数学函数、parseInt()、parseFloat()、isNaN()等都是系统函数，更多的系统函数在后面的项目和任务中将会学习到。

2. 变量的作用域

变量的作用域就是变量的有效作用范围。这个范围有两种：全局和局部。在函数定义之外声明的变量是全局变量，该变量在整个程序范围内都可以被访问和修改。在函数定义内声明的变量是局部变量，它不能被该函数外的任何事物访问。但是，必须注意的是，在函数内部声明一个局部变量时一定要使用关键字 var，否则它仍然是一个全局变量。

一个局部变量的名称可以与某个全局变量的名称相同，但它们是完全不同的、独立的两个变量。

【实例 3.17】全局变量和局部变量的使用。

```
<script type="text/javascript">
var x="我是全局变量";
function ok()
{
    var x="我是局部变量";
    alert(x);
}
```

```
08    ok();
09    alert(x);
10    </script>
```

在上面的代码中，第 02 行代码中的变量 x 在函数定义之外声明，因此该变量是一个全局变量，它的作用域是整个代码区域，在执行第 09 行代码后，弹出的对话框中显示的变量 x 的值是“我是全局变量”。第 05 行代码中的变量 x 在函数定义内声明，因此该变量是一个局部变量，它的作用域是函数内部，第 08 行代码表示调用函数 ok()，在执行第 06 行代码后，弹出的对话框中显示的变量 x 的值是“我是局部变量”。

如果将第 05 行代码删除，则在执行第 06 行代码后，弹出的对话框中显示的变量 x 的值也是“我是全局变量”。原因是第 02 行代码定义的全局变量 x 的作用域是整个代码区域，而函数内部并没有再定义变量 x，所以函数内部访问和修改的依然是全局变量 x。如果在函数内部声明的局部变量的名称与在函数外部声明的全局变量的名称相同，则使用局部变量的值。

如果把第 05 行代码中的关键字 var 删除，则在执行第 06 行和第 09 行代码后，弹出的对话框中显示的变量 x 的值都是“我是局部变量”。原因是如果在函数内部声明变量时不使用关键字 var，则该变量是全局变量。

项目分析

（1）因为要不断地弹出输入成绩对话框，并且没有规定具体的输入次数，所以使用 while 循环语句比较合适。

（2）当输入“!”时就结束输入，所以 while 循环的开始条件是输入的字符串不等于“!”。

（3）要对成绩进行打印和统计，需要将输入的每个成绩都先存储到数组中，再用 for 循环语句遍历数组中的每个元素并进行相应的处理。

项目实现

（1）创建一个页面文件“项目 3 的实现.html”。

（2）在<body></body>标签对中输入超链接“是否有不及格”的代码，并为其添加 onclick 事件。在该事件中调用一个自定义函数 check()，该函数的功能是查找是否有不及格成绩。

```
<a href="#" onclick="check()">是否有不及格</a>
```

（3）在<head></head>标签对中输入以下代码：

```
<script type="text/javascript">
var score=0;        //存放当前输入的成绩
var i=0;            //存放输入次数计数
var ele=[];         //存放最终的成绩
while(score!="!")
```

```
{
    score=prompt("请输入第"+(i+1)+"个成绩：",0);
    if(parseFloat(score) == score && score!="!")
    {
        ele[i]=Number(score);
        i++;
    }
    else if(score!="!")
    {
        alert("输入的成绩无效！");
    }
}
document.write("输入的成绩列表：<br/>");
for(var i=0;i<ele.length;i++)
{
    document.write(ele[i]+"  ");
    if((i+1) % 4==0)
    {
        document.write("<br/>");
    }
}
var e_max=ele[0];          //存储最高分
var e_min=ele[0];          //存储最低分
var sum=0;                 //存储分数总和，以便统计平均分数
for(var i=0;i<ele.length;i++)
{
    sum+=ele[i];
    if(ele[i]>e_max)
    {
        e_max=ele[i];
    }
    if(ele[i]<e_min)
    {
        e_min=ele[i];
    }
}
var e_average=Math.round(sum/ele.length*10)/10;
document.write("<br/>平均分数："+e_average+"<br/>最高分："+e_max+"<br/>最低分："+e_min);
function check()
{
    var flag=0;   //标志，当 flag=0 时没有不及格成绩，当 flag=1 时有不及格成绩
    for(var i=0;i<ele.length;i++)
    {
        if(ele[i]<60)
        {
            flag=1;
            break;
        }
```

```
55          }
56          if(flag==0)
57          {
58              alert("没有不及格成绩。");
59          }
60          else
61          {
62              alert("有不及格成绩。");
63          }
64      }
65      </script>
```

（4）运行网页，效果见项目情境中的图 3.1～图 3.3。

代码解释

（1）第 05～17 行代码是一个 while 语句，用于输入和存储成绩。第 08 行代码表示对每次输入的成绩进行合法性检测。

（2）第 19～26 行代码是一个 for 语句，用于打印输入的成绩列表。因为每行显示 4 个成绩，所以当循环变量 i 的值为 3、7、11 等，即当 i+1 的值能被 4 整除时，就打印一个换行符（见第 22～25 行代码）。

（3）第 30～41 行代码是一个 for 语句，用于统计成绩总和（见第 32 行代码）、最高分（见第 33～36 行代码）、最低分（见第 37～40 行代码）。

（4）第 42 行代码用于统计平均分数。round()函数返回的值是整数，为了使平均分数保留一位小数，所以需要先将得到的平均数扩大 10 倍，进行四舍五入后再除以 10。

（5）第 45～64 行代码是一个自定义函数 check()。该函数供“是否有不及格”超链接的 onclick 事件调用，功能是查询是否有不及格成绩。

（6）在 check()函数中，第 47 行代码表示定义一个变量 flag，其是一个标志。当变量 flag 的值为 0 时没有不及格成绩，当变量 flag 的值为 1 时有不及格成绩，默认变量 flag 的值为 0。第 48～55 行代码是一个 for 语句，用于判断是否有不及格成绩。遍历存放成绩的数组，一旦发现某个元素的值小于 60，就说明有不及格成绩，此时将变量 flag 赋值为 1，并且使用 break 语句结束循环的执行（见第 50～54 行代码）。

（7）在 check()函数中，第 56～63 行代码是一个 if...else 语句，用于根据变量 flag 的最终值来判断是否有不及格成绩。

拓展实训

（1）分别用 while、do...while 和 for 语句计算 1～100 中所有奇数的总和。

（2）输出 1～100 中所有的偶数，每行输出 10 个偶数。

（3）网页中有一个“确定”按钮，单击该按钮调用一个函数完成以下功能：创建一个数组，存放随机的 1～100（包含 1 和 100）之间的 20 个整数，统计这 20 个整数中的最大值和最小值，并查找这 20 个整数中是否有偶数。

（4）运行网页，弹出对话框，要求输入密码，当用户输入的密码为“abc”（不区分大小写）时，提示正确信息，否则提示错误信息。（思路：首先使用字符串对象的 toLowerCase() 方法将用户输入的密码中的字符全部转换为小写字母，然后将其与字符串"abc"进行比较。）

注册页面设计——事件

项目情境

设计一个简单的用户注册页面，如图 4.1 所示，具体需求如下。

①填写的信息有姓名、年龄、城市，并且都是必填信息，“城市”文本框只读。

②当鼠标指针移到“姓名”或“年龄”文本框上时，鼠标焦点自动落入对应文本框。当鼠标指针移到“城市”文本框上时，该文本框中会显示文字“请选择城市”。

③“年龄”文本框中只能输入数字，当鼠标焦点落入该文本框时，按非数字键无法输入内容。

④单击“请选择城市”下拉按钮，可以在弹出的下拉列表中选择一个城市选项。在选择一个城市选项后，“城市”文本框中会显示该城市的名称，如图 4.2 所示。

⑤如果没有填写姓名，则当单击“提交”按钮提交表单时，会给出提示信息“姓名未填写，不能提交!”。如果没有填写年龄，则当单击“提交”按钮提交表单时，会给出提示信息“年龄未填写，不能提交!”，并且年龄必须在 1~99 之间，否则会给出提示信息“年龄必须在 1~99 之间!”。如果没有选择城市，则当单击“提交”按钮提交表单时，会给出提示信息“城市未选择，不能提交!”。

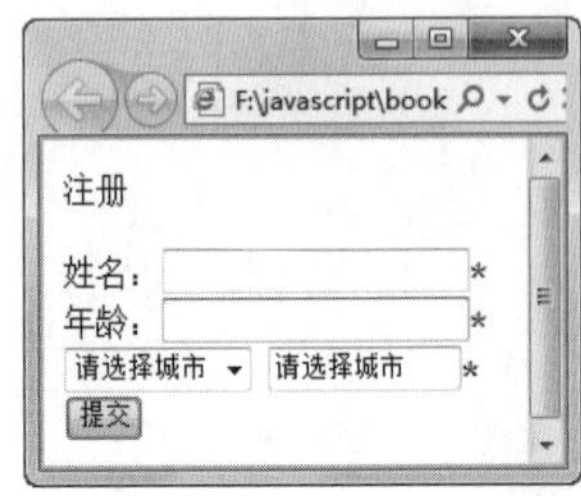

图 4.1　用户注册页面

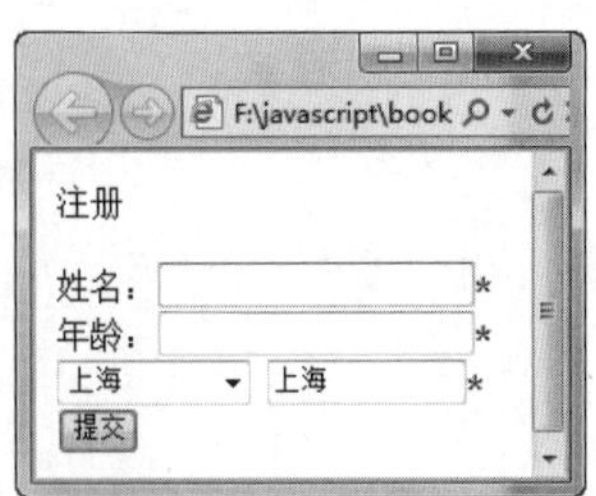

图 4.2　选择城市

学习目标

- 理解事件的概念。
- 掌握事件的触发机制。
- 掌握常用事件的应用。
- 能熟练应用 JavaScript 事件处理解决交互问题。
- 培养细致入微的观察和分析能力。
- 培养提高用户体验的意识。

任务 1　在代码中设置对象处理事件

提出任务

页面中有一个“问候”按钮，单击该按钮会弹出一个对话框，显示“你好!”，在单击该对话框中的“确定”按钮后，会再次弹出一个对话框，显示“早上好!”。要求不得将单击事件及事件触发的代码写在“问候”按钮的 HTML 标签代码中，做到 JavaScript 代码与 HTML 标签完全分离。

知识预备

1. 为对象的事件赋值

在 JavaScript 语言中，一个对象可以有属性、方法和事件。前面项目中我们介绍了为对象的属性赋值的语法格式如下：

```
对象.属性=属性的值;
```

也可以用类似的语法格式为对象的事件设置要触发的行为，语法格式如下：

```
对象.事件=函数名称;
```

需要注意的是，函数名称后面不能有一对小括号。因为这对小括号是函数调用运算符，如果函数名称后面有这对小括号，就会直接调用并执行该函数，而不会等待事件触发。

既然上述语法格式中的函数名称后面不能有一对小括号，那么如果函数需要传递参数，就不能使用这种方式。

实际上，也可以直接将一个函数的定义赋给对象的事件，语法格式如下：

```
对象.事件=function()
{
    [函数体];
}
```

其中，“=”符号的右边就是定义的函数。但是可以注意到，这个函数并没有函数名称，

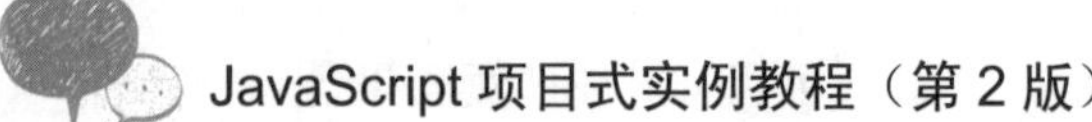

因此把它称为“匿名函数”。在上述语法格式中，匿名函数一般不带参数。

本任务使用匿名函数的方式编写如下。

【实例 4.1】匿名函数。

```
<input type="button" name="bt1" id="bt1" value="问候"/>
<script type="text/javascript">
bt1.onclick=function()
{
    alert('你好！');
    alert('早上好！');
}
</script>
```

同样地，如果需要为函数传递参数，则匿名函数的方式不适合在函数的一对小括号中添加参数，此时可以使用下面实例 4.2 的方式来实现。

【实例 4.2】参数传递。

```
<input type="button" name="bt1" id="bt1" value="问候"/>
<script type="text/javascript">
function hello(msg)
{
    alert(msg);
}
bt1.onclick=function()
{
    hello('你好！');
    hello('早上好！');
}
</script>
```

这样，在匿名函数的函数体中，通过调用有参数的函数并传递参数值的方式就可以达到为函数传递参数的目的。

2. 浏览器与事件

前面我们已经初步接触了事件，如单击事件 onclick、页面加载事件 onload 等。具体来说，事件就是用户或浏览器本身的某种行为，一般是由用户对页面的一些动作引起的。例如，单击某个链接或按钮、在文本框中输入文本、按键盘上的某个键、移动鼠标等。当事件发生时，可以使用 JavaScript 中的事件处理程序（也可以称为事件监听器）来检测并执行某些特定的程序。

事件都是由浏览器产生的，而不是由 JavaScript 产生的。因此，不同的浏览器产生的事件可能不同，即使相同的浏览器，不同的版本所产生的事件也可能不同。所以，某个事件在某个浏览器上能正常运行，但在另一个浏览器上可能无效。

例如，在 IE 6.0 中可以产生 onactivate 事件，而在 IE 5.0 和 Firefox 浏览器中都不能产生该事件。本书中的实例的运行环境为 IE 6.0 及以上版本的浏览器。

3. 加载事件和卸载事件

加载事件为 onload，是指加载（打开）页面完成时触发的事件；卸载事件为 onunload，是指卸载页面（关闭页面、刷新页面或跳转到其他页面）页面时触发的事件。另外，在卸载页面前还会触发 onbeforeunload 事件。

【实例 4.3】 加载事件和卸载事件。

```
<html>
<head>
</head>
<body onload="alert('加载页面')" onbeforeunload="alert('将要离开页面')"
onunload="alert('页面被卸载了')">
<a href="http://www.baidu.com">跳转到百度</a>
<img src="images/dog1.jpg" onload="alert('加载图片')">
</body>
</html>
```

在 IE 6.0 和 Firefox 浏览器中，body 元素和 img 元素都支持 onload 事件，但是 Firefox 浏览器不支持 onbeforeunload 事件和 onunload 事件。

4. 预加载对象处理事件

在实例 4.1 和实例 4.2 中，如果将<script></script>标签对放到“问候”按钮标签的前面，则运行代码会发现，单击“问候”按钮后不再弹出对话框。也就是说，按钮的单击事件没有触发函数。这是因为当程序读取到<script></script>标签对中的按钮对象 bt1 时，还没有读取到按钮对象 bt1 的定义，所以无法获取该按钮对象。

那么，在编写事件处理程序时，如何才可以不必考虑这样的代码位置问题呢？预加载对象处理事件可以解决这个问题。

所谓“预加载”就是预先加载触发事件的对象，等待对象发出触发的动作。借助 Window 对象的 onload 事件就可以实现该目的。

Window 对象在项目 2 的任务 2 中已有简单介绍，它指的是浏览器窗口，该对象的 onload 事件是指当浏览器窗口及其中所有的元素被加载后产生的事件。

预加载对象处理事件可以使用前面介绍的匿名函数的方式实现，语法格式如下：

```
window.onload=function()
{
   对象.事件=函数名称;
}
```

或者

```
window.onload=function()
{
   对象.事件=function()
   {
```

```
        [函数体];
    }
}
```

采用上述语法格式可以不必考虑对象事件触发的代码与对象标签之间的位置关系。

【实例 4.4】预加载对象处理事件。

```
01    <html>
02    <head>
03    <script type="text/javascript">
04    window.onload=function()
05    {
06        bt1.onclick=function()
07        {
08            alert('你好！');
09            alert('早上好！');
10        }
11    }
12    </script>
13    </head>
14    <body>
15    <input type="button" name="bt1" id="bt1" value="问候"/>
16    </body>
17    </html>
```

在上面的代码中，第 04 行代码表示 Window 对象被加载完成后触发 onload 事件。由于 Window 对象在被加载完成后，其中的所有对象（包括按钮对象 bt1）也已经被加载了，因此第 06 行代码表示获取按钮对象 bt1，并定义该对象的 onclick 事件在被触发时要执行的函数。第 15 行代码是按钮对象 bt1 的标签代码，它的位置虽然处在 JavaScript 代码之后，但是也能被加载。后面的实例程序也将采用这种编写方式。

任务分析

在本任务中，要实现 JavaScript 代码与 HTML 标签完全分离，必须在 JavaScript 代码中先获取“问候”按钮对象，再对该按钮对象的单击（onclick）事件设置任务代码。

任务实现

（1）创建一个页面文件“在代码中设置对象处理事件.html”。

（2）在<body></body>标签对中输入以下代码：

```
<input type="button" name="bt1" id="bt1" value="问候"/>
<script type="text/javascript">
function hello()
{
    alert('你好！');
    alert('早上好！');
```

```
07    }
08    bt1.onclick=hello;
09    </script>
```

（3）运行网页，单击“问候”按钮即可看到结果。

代码解释

第 01 行代码是“问候”按钮的 HTML 代码，按钮对象的名称为“bt1”。第 02～09 行代码是 JavaScript 代码。其中，第 03～07 行代码表示定义一个函数 hello()，函数体部分就是两个用于弹出对话框的语句。第 08 行代码表示按钮对象 bt1 的 onclick 事件在被触发时执行 hello()函数。其中，onclick 是按钮对象 bt1 的事件。把 hello()函数赋给按钮对象 bt1 的 onclick 事件。这样，当用户单击该按钮时就触发了 onclick 事件，进而执行 hello()函数。需要注意的是，第 08 行代码中的 hello()函数名称的后面没有一对小括号。

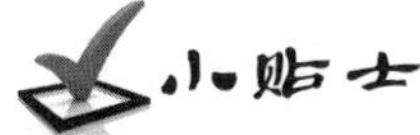

想要实现本任务，也可以参照项目 1 的任务 4 中的做法，即将事件和事件执行的代码写入按钮标签中。但是，不推荐这样做，因为这样做没有将 JavaScript 代码与按钮对象标签分离，不利于代码模块化，代码的可读性和可维护性都较差。

任务 2　事件处理中的返回值

提出任务

页面中显示一个“跳转到百度”超链接，如图 4.3 所示，单击该超链接将弹出一个询问是否跳转的对话框，如图 4.4 所示。如果单击该对话框中的“确定”按钮，则浏览器会打开百度首页；如果单击该对话框中的“取消”按钮，则浏览器不跳转，仍旧停在本页面。

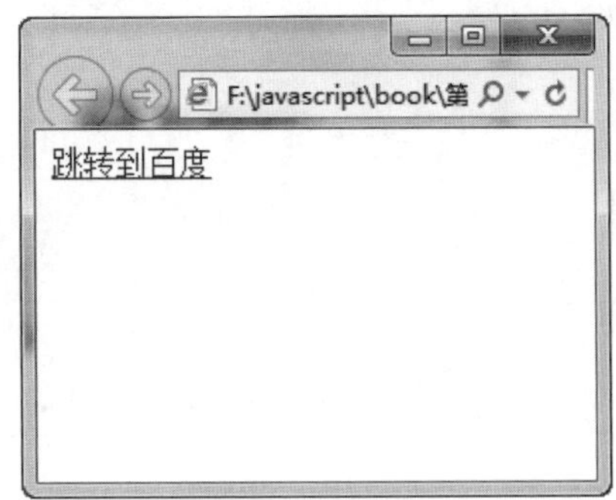

图 4.3　超链接

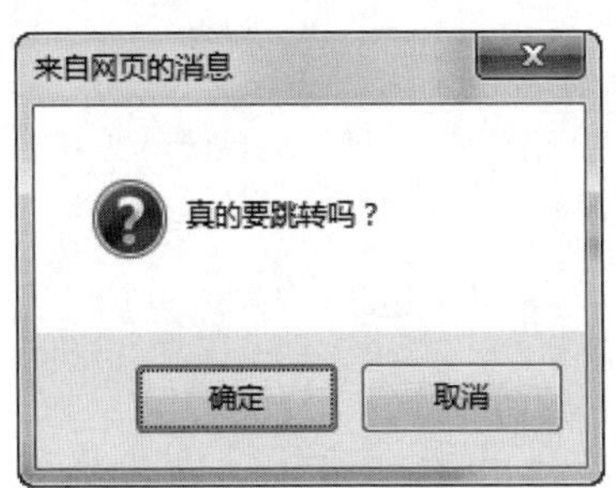

图 4.4　询问是否跳转

知识预备

事件处理中的返回值可以影响事件的默认动作。想要取消事件的默认动作，可以通过将事件的返回值设置为 false 来实现。例如，在本任务中，超链接的 onclick 事件的默认动作是让页面跳转到超链接中设置的地址。但是由于设置 onclick 事件的返回值为 false，因此阻止了其默认动作。

拥有默认处理函数的元素及事件有 3 个，如表 4.1 所示。

表 4.1　拥有默认处理函数的元素及事件

元　素	事　件	描　述
a	onclick	单击跳转到元素的 href 属性指定的 URL
form	onsubmit、onreset	提交表单、重置表单
document	oncontextmenu	右击可以弹出一个快捷菜单

如果要阻止这些元素的默认动作，则可以将上述对应的事件的返回值设置为 false。

任务分析

当用户选择不跳转到百度首页时，需要阻止超链接的跳转，只要将超链接的 onclick 事件的返回值设置为 false 即可。

任务实现

（1）创建一个页面文件“事件处理中的返回值.html”。

（2）在页面中制作一个超链接，标签 id 为 link。代码如下：

```
<a id="link" href="http://www.baidu.com">跳转到百度</a>
```

（3）在<head></head>标签对中输入以下代码：

```
<script type="text/javascript">
window.onload=function()
{
    link.onclick=function()
    {
        var sel=confirm("真的要跳转吗？")
        if(!sel)
        {
            return false;
        }
    }
}
</script>
```

（4）运行网页，单击“跳转到百度”超链接并测试结果。

代码解释

（1）第 04～11 行代码是当单击“跳转到百度”超链接触发 onclick 事件时要执行的代码。

（2）在执行第 06 行代码后，会弹出一个询问是否跳转的对话框，当单击该对话框中的“取消”按钮时，该对话框的返回值即变量 sel 的值为 false，此时第 07 行代码中的判断条件的值为 true，执行第 09 行代码，使超链接 link 的 onclick 事件被触发后返回的值为 false。这样，超链接 link 的跳转行为就会被阻止。

任务 3　表单提交事件

提出任务

页面中有一个表单，该表单内部有一个文本框和一个“提交”按钮。用户必须先在文本框中输入姓名，然后单击“提交”按钮，该表单才能提交并跳转到 ok.html 页面，否则该表单不提交。

知识预备

在 JavaScript 语言中，一切都可以被看作对象。前面已经介绍过，一个浏览器窗口就是一个对象，即 Window 对象。一个浏览器窗口打开一个 HTML 页面，这个 HTML 页面也是一个对象，即 Document 对象。页面中可能有表单，这个表单也是一个对象，即 Form 对象。表单中有文本框、按钮等，这些表单控件也是一个个对象。从上面的描述可以知道，这些对象是具有层次关系的。对象的层次模型如图 4.5 所示。

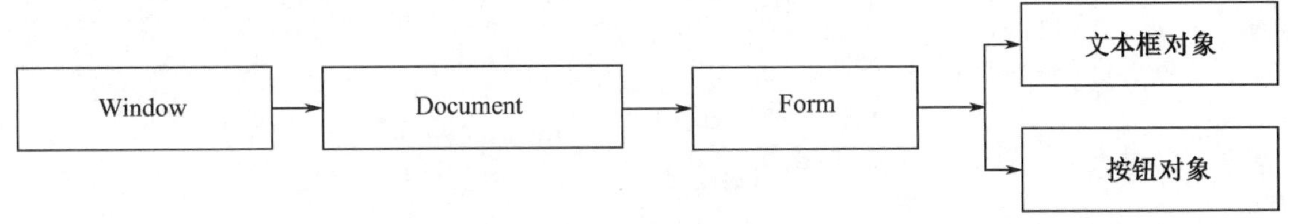

图 4.5　对象的层次模型

在代码中，如果要引用表单中的文本框或按钮，则必须按照对象的层次模型来引用。例如，引用表单 form1 中的文本框 txtName，代码如下：

```
window.document.form1.txtName
```

需要注意的是，上面代码中的“form1”必须是表单的 name 属性值，“txtName”既可以是文本框的 id 属性值，也可以是文本框的 name 属性值。

一般 Window 对象和 Document 对象可以省略，所以上面的代码可以写为以下形式：

```
form1.txtName
```

需要注意的是，此时上面代码中的“form1”既可以是表单的 name 属性值，也可以是表单的 id 属性值。当然，对于 IE 11 以上及非 IE 浏览器，可以省略对 form1 对象的引用，但此时“txtName”就必须是文本框的 id 属性值。

综上所述，如果表单对象引用的前面有对 Window 对象或 Document 对象的引用，则表单对象必须通过 name 属性来引用，否则可以通过表单对象的 name 属性或 id 属性来引用。而表单控件对象则都可以通过其 name 属性或 id 属性来引用。如果表单控件对象的前面没有对表单对象的引用，则表单控件对象必须通过其 id 属性来引用（IE 11 以上及非 IE 浏览器）。

任务分析

要阻止表单提交，只需让表单的 onsubmit 事件的返回值为 false 即可。

任务实现

（1）创建一个页面文件“表单提交事件.html”。

（2）在页面中设计表单界面，HTML 代码如下：

```
<form name="form1" method="post" action="ok.html">
  姓名：<input type="text" name="txtName" id="txtname">
  <input type="submit" name="button" id="button" value="提交">
</form>
```

（3）在<head></head>标签对中输入以下代码：

```
01    <script type="text/javascript">
02    window.onload=function()
03    {
04        form1.onsubmit=function()
05        {
06            if(form1.txtName.value=="")
07            {
08                alert("请填写姓名！");
09                return false;
10            }
11        }
12    }
13    </script>
```

代码解释

第 04～11 行代码是当提交表单 form1 触发 onsubmit 事件时要执行的代码。第 06 行代码用于判断表单中文本框 txtName 的值是否为空，如果为空，则会给出提示信息（见第 08 行代码），并返回 false（见第 09 行代码），这样就阻止了表单的默认提交动作。

任务 4　鼠标事件

提出任务

页面中有一张小狗图片，当将鼠标指针放置到该图片上时，该图片会变成另一张小狗图片；当将鼠标指针从该图片上移开时，该图片恢复为第一张小狗图片；当在该图片上单击时，会弹出对话框，提示信息“汪汪！”。

知识预备

鼠标事件分为鼠标移动事件和鼠标单击事件两大类，具体事件如表 4.2 所示。

表 4.2　鼠标事件

事　　件	描　　述
onmousemove	当鼠标指针在对象上移动时触发
onmouseout	当鼠标指针离开对象时触发
onmouseover	当鼠标指针移到对象上时触发
onclick	当在对象上单击时触发
ondblclick	当在对象上双击时触发
onmousedown	鼠标键按下的瞬间触发
onmouseup	鼠标键按下后又松开的瞬间触发

【实例 4.5】鼠标事件。

```
<html>
<head>
<script type="text/javascript">
var width=280;
window.onload=function()
{
    dog1.ondblclick=function()
    {
        alert("你在第一张小狗图片上双击并放开了鼠标左键");
    }
    dog2.onmouseup=function()
    {
        alert("你在第二张小狗图片上单击并放开了鼠标左键");
    }
    dog1.onmousemove=function()
    {
        width-=1;
        dog2.width=width;
    }
}
</script>
</head>
<body>
```

```
24    <img id="dog1" src="images/dog1.jpg">
25    <img id="dog2" src="images/dog2.jpg">
26    </body>
27    </html>
```

在上面的代码中，第 24 行和第 25 行代码表示在页面中放置两张图片，图片的尺寸为图片默认大小。第 04 行代码表示定义一个全局变量 width，该变量的初始值为图片的宽度。第 07～10 行代码表示当在图片 dog1 上双击触发 ondblclick 事件时要执行的代码，第 11～14 行代码表示当在图片 dog2 上完成一个完整的鼠标单击动作触发 onmouseup 事件时要执行的代码。第 15～19 行代码表示当鼠标指针在图片 dog1 上移动触发 onmousemove 事件时要执行的代码，使全局变量 width 的值减 1（见第 17 行代码），同时，把改变后的全局变量 width 的值作为图片 dog2 的宽度值（见第 18 行代码），从而改变图片 dog2 的宽度。

任务分析

当将鼠标指针放置到图片上时，触发的是 onmouseover 事件；当将鼠标指针从图片上移开时，触发的是 onmouseout 事件；当鼠标指针在图片上时，按下鼠标键的瞬间触发的是 onmousedown 事件。改变图片的显示实际上就是设置图片对象的 src 属性的值。

任务实现

（1）准备好两张不同的小狗图片，分别为“dog1.jpg”和“dog2.jpg”，将这两张图片放置在 images 文件夹中。

（2）在 images 文件夹的同级目录中创建一个页面文件“鼠标事件.html”。

（3）在页面中放置第一张小狗图片，HTML 代码如下：

```
<body>
<img id="dog1" src="images/dog1.jpg">
</body>
```

（4）在<head></head>标签对中输入以下代码：

```
<script type="text/javascript">
window.onload=function()
{
    dog1.onmouseover=function()
    {
        dog1.src="images/dog2.jpg";
    }
    dog1.onmouseout=function()
    {
        dog1.src="images/dog1.jpg";
    }
    dog1.onmousedown=function()
    {
        alert("汪汪！");
```

```
15        }
16    }
17    </script>
```

代码解释

（1）代码中的 dog1 是<img>标签的 id 属性值，用于引用<img>标签。

（2）第 04～07 行代码表示当鼠标指针移到图片上触发 onmouseover 事件时要执行的代码。其中，dog1.src 用于指定 id 为 dog1 的<img>标签的图片来源。

（3）第 08～11 行代码表示当鼠标指针离开图片触发 onmouseout 事件时要执行的代码。其中，dog1.src 用于指定 id 为 dog1 的<img>标签的图片来源。

（4）第 12～15 行代码表示当鼠标指针在图片上时，按下鼠标键的瞬间（鼠标键还没有释放）触发 onmousedown 事件要执行的代码。

任务 5　键盘事件

提出任务

页面中有两个文本框，在第一个文本框中每输入一个字符，第二个文本框中就显示该字符对应在键盘上的键码值，如图 4.6 所示，其中第一个文本框中只能输入 5 个字符。

图 4.6　键盘事件

知识预备

1．键盘事件

键盘事件如表 4.3 所示。

表 4.3　键盘事件

事　件	描　述
onkeydown	当按下键盘上的键时触发（能识别功能键，不区分大小写按键）
onkeyup	当松开键盘上的键时触发（能识别功能键，不区分大小写按键）
onkeypress	当按下键盘上的键时触发（不能识别功能键，区分大小写按键）

需要注意的是，onkeydown 事件和 onkeypress 事件都可以通过接收返回值 false 来取消输入字符的操作，但是 onkeyup 事件不可以。因为 onkeyup 事件是在键盘上的键被按下之后再松开时才触发的，而此时字符已经被输入了。三者的执行顺序是 onkeydown→onkeypress→onkeyup。

2．Event 对象

Event（事件）对象代表事件的状态，如事件发生的元素、键盘的状态、鼠标的状态、鼠标位置和鼠标按钮的状态。一旦事件发生，便会生成 Event 对象，如单击一个按钮，浏览器的内存中就会生成相应的 Event 对象。因此，Event 对象只在事件发生的过程中才有效。这意味着，用户可以在事件句柄中使用该对象，但不能在其他代码中使用。

与 Document 对象一样，Event 对象也是 Window 对象的子对象。根据对象的层次模型，可以用 window.event 来引用 Event 对象，但是一般 window 可以省略。

Event 对象的部分常用属性如表 4.4 所示。

表 4.4　Event 对象的部分常用属性

属　性	描　述
altKey	设置或获取 Alt 键的状态
altLeft	设置或获取左 Alt 键的状态
button	设置或获取用户所按的鼠标按钮
clientX	设置或获取鼠标指针位置相对于窗口客户区域的 x 坐标，其中客户区域不包括窗口自身的控件和滚动条
clientY	设置或获取鼠标指针位置相对于窗口客户区域的 y 坐标，其中客户区域不包括窗口自身的控件和滚动条
ctrlKey	设置或获取 Ctrl 键的状态
ctrlLeft	设置或获取左 Ctrl 键的状态
fromElement	设置或获取事件发生时激活的对象或鼠标指针将要离开的对象
keyCode	设置或获取与导致事件的按键关联的 Unicode 值
offsetX	设置或获取鼠标指针位置相对于触发事件的对象的 x 坐标（较低版本的 Firefox 浏览器不能识别 offsetX 属性，使用 layerX 属性）
offsetY	设置或获取鼠标指针位置相对于触发事件的对象的 y 坐标（较低版本的 Firefox 浏览器不能识别 offsetY 属性，使用 layerY 属性）
propertyName	设置或获取对象上发生更改的属性名称
repeat	获取 onkeydown 事件是否正在重复
returnValue	设置或获取事件的返回值
screenX	设置或获取鼠标指针位置相对于用户屏幕的 x 坐标
screenY	设置或获取鼠标指针位置相对于用户屏幕的 y 坐标
shiftKey	设置或获取 Shift 键的状态
shiftLeft	设置或获取左 Shift 键的状态
srcElement	设置或获取触发事件的对象
toElement	设置或获取用户要将鼠标指针移动指向的对象的引用
type	从 Event 对象中获取事件名称
wheelDelta	设置或获取鼠标滚轮按钮滚动的距离和方向
x	设置或获取鼠标指针位置相对于父文档的 x 像素坐标
y	设置或获取鼠标指针位置相对于父文档的 y 像素坐标

需要注意以下几点。

（1）尽管所有事件属性都可以通过所有的 Event 对象访问，但是在某些事件中，某些属性可能无意义。例如，fromElement 属性和 toElement 属性仅当处理 onmouseover 事件和 onmouseout 事件时有意义。

（2）非 Firefox 浏览器有 Event 对象，但是较低版本的 Firefox 浏览器没有 Event 对象，此时可以给函数的参数传递 Event 对象。例如，onmousemove=doMouseMove(event)。因此，为了兼容，可以使用以下方法：

```
function 函数名(ev)
{
   var oEvent=ev||event;
   //后续代码中使用 oEvent 代替 window.event
}
```

或者

```
对象=function(ev)
{
   var oEvent=ev||event;
   //后续代码中使用 oEvent 代替 window.event
}
```

【实例 4.6】获取鼠标指针的位置。

```
<html>
<head>
<script type="text/javascript">
window.onload=function()
{
    dog.onmousemove=function(ev)
    {
        var oEvent=ev||event;
        screen_x.value=oEvent.screenX;
        screen_y.value=oEvent.screenY;
        client_x.value=event.clientX;
        client_y.value=event.clientY;
        offset_x.value=oEvent.offsetX || oEvent.layerX;
        offset_y.value=oEvent.offsetY || oEvent.layerY;
    }
}
</script>
</head>
<body>
<img id="dog" src="images/dog2.jpg"/>
鼠标指针在屏幕中的横坐标 x:
<input type="text" id="screen_x">
鼠标指针在屏幕中的纵坐标 y:
<input type="text" id="screen_y">
鼠标指针在浏览器窗口中的横坐标 x:
<input type="text" id="client_x">
鼠标指针在浏览器窗口中的纵坐标 y:
<input type="text" id="client_y">
鼠标指针在图片中的横坐标 x:
<input type="text" id="offset_x">
鼠标指针在图片中的纵坐标 y:
<input type="text" id="offset_y">
```

```
33    </body>
34    </html>
```

本实例的功能是：当鼠标指针在图片上移动时，在文本框 screen_x 和 screen_y 中分别显示鼠标指针在屏幕中的横坐标（见第 09 行代码）和纵坐标（见第 10 行代码），在文本框 client_x 和 client_y 中分别显示鼠标指针在浏览器窗口中的横坐标（见第 11 行代码）和纵坐标（见第 12 行代码），在文本框 offset_x 和 offset_y 中分别显示鼠标指针在图片中的横坐标（见第 13 行代码）和纵坐标（见第 14 行代码）。

【实例 4.7】屏蔽使用鼠标右击时弹出的快捷菜单。

```
01    <html>
02    <head>
03    <script type="text/javascript">
04    window.onload=function()
05    {
06        document.onmousedown=function(ev)
07        {
08            var oEvent=ev||event;
09            if(oEvent.button==2)
10            {
11                alert("弹出的快捷菜单被屏蔽");
12            }
13        }
14    }
15    </script>
16    </head>
17    <body>
18    </body>
19    </html>
```

本实例的功能是：当在页面中右击时，立即弹出一个提示对话框，从而屏蔽本该弹出的快捷菜单（本实例在较低版本的 IE 浏览器中运行时，可能仍然会弹出快捷菜单，在项目 8 中将介绍更有效地屏蔽快捷菜单的方法）。第 06～13 行代码是在 Document 对象中按下鼠标键触发 onmousedown 事件时要执行的代码，第 09 行代码表示判断按下的是鼠标的哪个键，oEvent.button 的值为 2 表示按下的是鼠标右键。一般 event.button 可能的值如表 4.5 所示。

表 4.5　event.button 可能的值

值	描　述
0	按下鼠标左键
1	按下鼠标中间键（滚轮）
2	按下鼠标右键

任务分析

（1）要显示键码值，可以使用 Event 对象的 keyCode 属性实现。

（2）要阻止在文本框中输入内容，只需让文本框的 onkeydown 事件的返回值为 false 就可以。

任务实现

（1）在页面中设置两个文本框，HTML 代码如下：

```
<body>
字符：<input type="text" id="text1">
键码：<input type="text" id="text2">
</body>
```

（2）在<head></head>标签对中输入以下代码：

```
01    <script type="text/javascript">
02    window.onload=function()
03    {
04        text1.onkeydown=function(ev)
05        {
06            var oEvent=ev||event;
07            text2.value=oEvent.keyCode;
08            if(this.value.length>=5)
09            {
10                return false;
11            }
12        }
13    }
14    </script>
```

代码解释

（1）第 04～12 行代码表示当按下键盘上的某个键触发 onkeydown 事件时要执行的代码。

（2）第 07 行代码表示在第 2 个文本框中显示所按下的那个键的键码值，该值是通过 oEvent.keyCode 得到的。

（3）第 08～11 行代码表示检查第 1 个文本框中输入的字符的个数，如果输入的字符的个数超过 5，则不允许再输入字符。

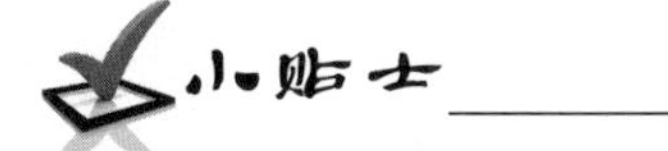

当使用较低版本的 Firefox 浏览器时，如果要在 onkeypress 事件中获取键码值，则不能使用 keyCode 属性，而要使用 charCode 属性。实际上，如果要在 onkeypress 事件中获取键码值，则 charCode 属性对除 Firefox 浏览器以外的其他浏览器也适用。但是，charCode 属性不能被 IE 9.0 以下版本的浏览器识别。

任务 6　用正则表达式验证电子邮件地址格式

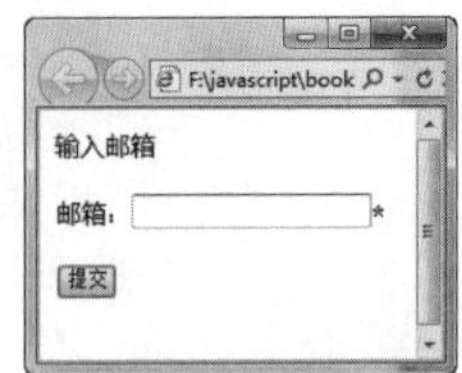

图 4.7　邮箱验证

提出任务

页面中有一个文本框，要求输入正确格式的电子邮件地址，如果电子邮件地址格式不正确，则给出错误提示信息，表单不能提交。邮箱验证如图 4.7 所示。

知识预备

1．正则表达式

正则表达式又称规则表达式（Regular Expression），是一种文本模式，包括普通字符（如 a～z 之间的字母）和特殊字符（也叫元字符或限定符）。正则表达式使用单个字符串来描述、匹配一系列匹配某个句法规则的字符串，通常被用来检索、替换那些符合某个模式（规则）的文本。

正则表达式不是 JavaScript 语言特有的，它是独立于语言之外的一种文本模式。许多程序设计语言（如 PHP、Python、C#、Java 等语言）都支持利用正则表达式进行字符串操作。对于正则表达式的书写规则，这里不单独介绍，读者可以参考正则表达式的相关说明文档。

2．RegExp 对象

RegExp 对象表示正则表达式，是由普通字符和特殊字符（也叫元字符或限定符）组成的文字模板，用于对字符串执行模式匹配。

创建 RegExp 对象的方式有两种：使用字面量和使用构造函数。

（1）使用字面量创建 RegExp 对象的语法格式如下：

```
var 变量=/正则表达式/匹配模式;
```

例如，var reg=/[a-z]/gi;。

（2）使用构造函数创建 RegExp 对象的语法格式如下：

```
var 变量=new RegExp("正则表达式","匹配模式");
```

例如，var reg=new RegExp("[a-z]","gi");。

3．RegExp 对象的常用方法

RegExp 对象的常用方法如表 4.6 所示。

表 4.6　RegExp 对象的常用方法

方　法	描　述
exec()	检索字符串中指定的值，返回找到的值，并确定其位置
test()	检索字符串中指定的值，返回 true 或 false

【实例 4.8】使用 exec()方法检索字符串。

```
<script type="text/javascript">
var reg=/test/;
var str="abcetestefg";
var res=reg.exec(str);
alert(res)
</script>
```

在执行上述代码后，弹出的对话框中显示的信息为“test”。因为正则表达式 reg 会匹配 str（即字符串"abcetestefg"）中的“test”部分，并将“test”保存在一个数组的第一项中，然后把数组返回赋给 res。如果没有找到匹配的项，则返回的结果为 null。

【实例 4.9】使用 test()方法检索字符串。

```
<script type="text/javascript">
var reg=/\d/;
var str="I love javascript";
alert(reg.test(str));
</script>
```

在执行上述代码后，弹出的对话框中显示的信息为“false”。这是因为正则表达式 reg 中的“\d”表示匹配数字，而 str 中没有数字，所以匹配失败。

4. 支持正则表达式的 String 对象的方法

支持正则表达式的 String 对象的方法如表 4.7 所示。

表 4.7 支持正则表达式的 String 对象的方法

方　法	描　述
search()	在字符串中检索指定的子字符串，或者检索与正则表达式匹配的子字符串，并返回第 1 个匹配的子字符串在字符串中的起始位置
match()	在字符串中检索指定的值，或者找到一个或多个正则表达式的匹配
replace()	替换与正则表达式匹配的子字符串
split()	把字符串分割为字符串数组

【实例 4.10】使用 search()方法检索字符串。

```
<script type="text/javascript">
var str="I Love Javascript.Javascript is good";
var pos=str.search(/javascript/i);
alert(pos)
</script>
```

在执行上述代码后，弹出的对话框中显示的信息为“7”。因为 search()方法会返回第 1 个匹配的子字符串在字符串中的起始位置。需要注意的是，search()方法是区分大小写的。所以，上述代码中的正则表达式如果去掉忽略大小写模式匹配 i，则返回值为“-1”，表示没有匹配成功。

【实例 4.11】使用 match()方法提取字符串。

```
<script type="text/javascript">
var str="1a2b3c4d5e6";
var res=str.match(/[A-z]/g);
alert(res);
</script>
```

在执行上述代码后，弹出的对话框中显示的信息为“a,b,c,d,e”，即返回的 res 是一个数组，该数组的内容是字符串中与正则表达式匹配的字符。需要注意的是，match()方法默认只会找出第 1 个符合条件的内容，因此，如果上述代码中的正则表达式省略了全局模式匹配 g，则只会返回长度为 1 的数组，内容是“a”。如果匹配失败，则返回结果为“null”。

【实例 4.12】使用 replace()方法替换字符串。

```
<script type="text/javascript">
var str="1A2b3c4D5e6";
var res=str.replace(/[A-z]/g,"@");
alert(res);
</script>
```

在执行上述代码后，弹出的对话框中显示的信息为“1@2@3@4@5@6”，也就是把字符串中所有的字母替换为“@”。需要注意的是，它并不改变原字符串。replace()方法默认只替换第 1 个符合条件的字符，所以如果上述代码中的正则表达式省略了全局模式匹配 g，则只会将“A”替换为“@”。

【实例 4.13】使用 split()方法分割字符串。

```
<script type="text/javascript">
var str="1A2b3c4D5e6";
var res=str.split(/[A-z]/);
alert(res);
</script>
```

在执行上述代码后，弹出的对话框中显示的信息为“1,2,3,4,5,6”，即返回的 res 是一个数组，该数组中的内容是按照匹配的正则表达式拆分出的子字符串。

任务实现

（1）在页面中设置一个文本框和一个“提交”按钮，HTML 代码如下：

```
<body>
输入邮箱</br>
<form name="form1" method="post" action="ok.html">
    邮箱：<input name="email" type="text">*
    <input type="submit" name="btn" id="btn" value="提交">
</form>
</body>
```

（2）在<head></head>标签对中输入以下代码：

```
01    <script type="text/javascript">
02    window.onload=function()
03    {
04        form1.onsubmit=function()
05        {
06            var reg=/^\w{3,}(\.\w+)*@[A-z0-9]+(\.[A-z]{2,5}){1,2}$/;
07            if(!reg.test(form1.email.value))
08            {
09                alert("邮箱地址格式不正确！");
10                return false;
11            }
12        }
13    }
14    </script>
```

代码解释

下面对<head></head>标签对中的部分代码进行解释。

（1）第 06 行代码表示创建一个 RegExp 对象，其值为电子邮箱地址的正则表达式。

（2）第 07 行代码表示使用 RegExp 对象的 test()方法验证所填写的邮箱地址的格式。如果验证未通过，则返回 false，从而阻止表单的提交。

任务 7　“项目 4”的实现

知识预备

1. 关键字 this

在 JavaScript 语言中，关键字 this 有很多用法，一般指的是当前的对象。例如，下列语句中的 this 指的就是文本框本身：

```
<input type="text" id="txtname" onmousedown="this.value='单击鼠标'">
```

项目分析

在本项目中，当表单控件得到鼠标焦点时，操作鼠标或敲击键盘都需要检查其中的值，所以需要用到鼠标事件和键盘事件。在“年龄”文本框中不允许输入非数字的值和在条件不符合时不允许提交表单都需要用到事件的返回值。检查输入的年龄值是否为数字还要用到 Event 对象。

项目实现

（1）创建一个页面文件“项目 4 的实现.html”。

（2）在<body></body>标签对中编写表单代码：

```
01    <body>
02    注册</br>
03    <form name="form1" method="post" action="ok.html">
04        姓名：<input name="username" type="text">*
05        年龄：<input name="age" type="text" id="age">*
06        <select name="sel_city">
07             <option value="0">请选择城市</option>
08             <option value="北京">北京</option>
09             <option value="上海">上海</option>
10             <option value="广州">广州</option>
11        </select>
12        <input name="city" type="text" size="12" readonly="readonly">*
13        <input type="submit" name="btn" id="btn" value="提交">
14    </form>
15    </body>
```

其中，第 12 行代码表示在名称为“city”的<input>标签中添加“readonly="readonly"”，使“城市”文本框成为只读。

（3）在<head></head>标签对中输入以下代码：

```
<script type="text/javascript">
window.onload=function()
{
    form1.username.onmouseover=function()
    {
        this.focus();
        this.select();
    }
    form1.age.onmouseover=function()
    {
        this.focus();
        this.select();
    }
    form1.age.onkeydown=function(ev)
    {
        oEvent=ev||event;
        if((oEvent.keyCode<48 || oEvent.keyCode>57) && oEvent.keyCode!=8)
        {
            return false;
        }
    }
    form1.sel_city.onchange=function()
    {
```

```
            if(this.value==0)
            {
                alert("请选择一个城市");
            }
            else
            {
                form1.city.value=form1.sel_city.value;
            }
        }
        form1.onsubmit=function()
        {
             var reg=/^([1-9][0-9]?)$/;
            if(form1.username.value=="")
            {
                alert("姓名未填写，不能提交！");
                form1.username.focus();
                return false;
            }
            else if(form1.age.value=="")
            {
                alert("年龄未填写，不能提交！");
                form1.age.focus();
                return false;
            }
            else if(!reg.test(form1.age.value))
            {
                alert("年龄必须在1~99之间！");
                form1.age.focus();
                return false;
            }
            else if(form1.city.value=="" || form1.city.value=="请选择城市")
            {
                alert("城市未选择，不能提交！");
                form1.sel_city.focus();
                return false;
            }
        }
        form1.city.onmouseover=function()
        {
            if(this.value=="")
            {
                this.value="请选择城市";
            }
        }
    }
    </script>
```

（4）运行网页，效果见项目情境中的图 4.1 和图 4.2。

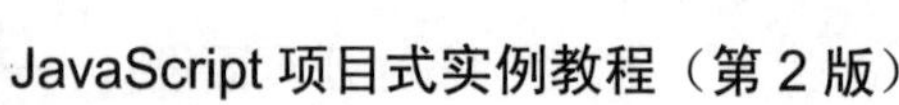

代码解释

下面对<head></head>标签对中的部分代码进行解释。

（1）第 06 行代码中的 this 代表的是触发事件的对象，也就是 username 文本框。当然，将 this 直接写成 form1.username 也可以，但是比较麻烦，也不符合书写规范。focus()方法用于获取鼠标焦点。

（2）第 07 行代码中的 select()方法用于自动选中 username 文本框中的内容。

（3）第 17 行代码表示通过 oEvent.keyCode 得到按下的键盘上的键的键码值。数字 0 的键码值是 48，数字 9 的键码值是 57。因为允许输入退格键，所以排除键码值 8。

（4）第 22 行代码表示当下拉列表中的内容发生改变时触发 onchange 事件。

（5）第 35 行代码表示定义一个用于验证年龄值是否在 1～99 之间的正则表达式。

（6）第 48～53 行代码表示定义验证年龄值是否满足正则表达式的规则。

拓展实训

（1）页面中有一个文本框 t，默认该文本框中内容的对齐方式为左对齐，当鼠标焦点位于该文本框中时，该文本框中内容的对齐方式变为右对齐。（提示：获取鼠标焦点的事件为 onfocus，文本框中内容的对齐方式可以通过设置 t.style.textAlign 的值实现。）

（2）页面中有两个文本框 t1 和 t2。当在文本框 t1 中分别按下鼠标左键、鼠标中间键（滚轮）、鼠标右键时，在文本框 t2 中会显示对应的键码值。（提示：用 event.button 获取鼠标键的键码值。）

（3）页面中有一个文本框 t，要求不允许输入字母，其他字符都可以输入。

多窗体注册页面——窗体对象

项目情境

设计一个多窗体的用户注册页面，具体需求如下。

①在如图 5.1 所示的首页中有一个“注册”按钮，单击该按钮可以进入如图 5.2 所示的用户注册页面。首页的状态栏中有一行文字“欢迎光临本站!”从右向左循环滚动。

图 5.1　首页

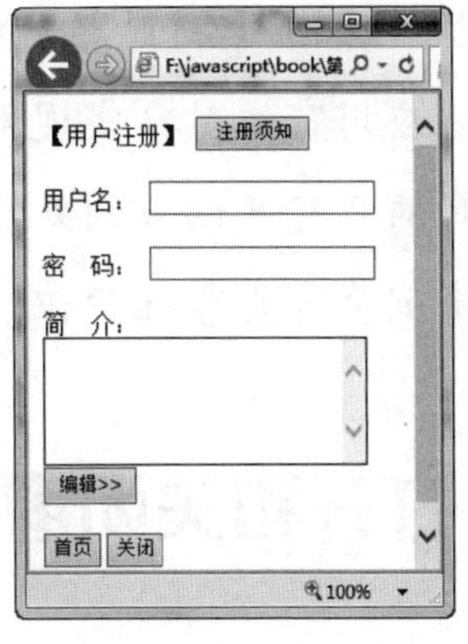

图 5.2　用户注册页面

②用户注册页面的默认尺寸为 280 像素×400 像素。单击该页面中的“注册须知”按钮，会弹出一个对话框，如图 5.3 所示，该对话框的尺寸为 200 像素×200 像素，单击其中的“关闭”超链接，可以关闭该对话框。

③在用户注册页面的“简介”文本区域框中输入简介信息，单击“编辑>>”按钮，会进入如图 5.4 所示的编辑简介页面。在该页面的“简介”文本区域框中可以重新编辑简介信息，编辑完成后，单击“确定修改关闭本窗口”按钮，可以关闭编辑简介页面，并且把重新编辑的简介信息更新到用户注册页面的“简介”文本区域框中。

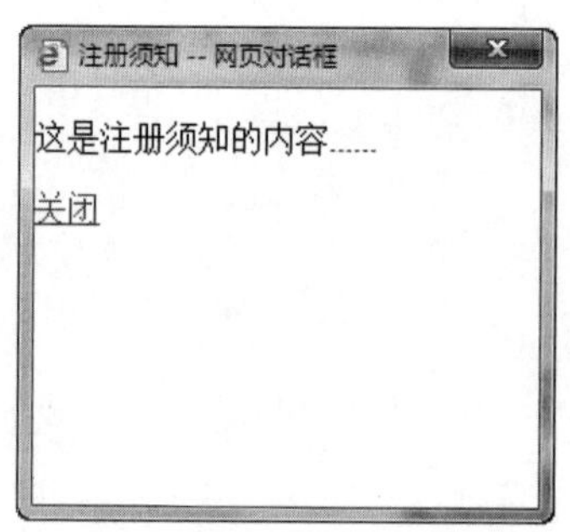

图 5.3　注册须知对话框

图 5.4　编辑简介页面

④单击用户注册页面中的“首页”按钮，页面会跳转到如图 5.1 所示的首页；单击用户注册页面中的“关闭”按钮，可以直接关闭用户注册页面。

学习目标

- 掌握 Window（窗体）对象的常用属性和方法。
- 掌握 Location（地址）对象的常用属性和方法。
- 掌握 History（历史）对象的常用属性和方法。
- 掌握 Screen（屏幕）对象的常用属性和方法。
- 掌握 Navigator（浏览器）对象的常用属性和方法。
- 能熟练应用窗体对象实现网页交互功能。
- 培养对网页交互细节的处理能力。
- 培养跨浏览器兼容性意识。

任务 1　打开和关闭窗口

提出任务

在如图 5.5 所示的主窗口中有 3 个按钮：“打开子窗口”按钮、“关闭本窗口”按钮和“立即关闭本窗口”按钮。单击“关闭本窗口”按钮，会弹出如图 5.6 所示的关闭窗口选择对话框，单击该对话框中的“是”按钮，将会关闭当前窗口，单击该对话框中的“否”按钮，不关闭当前窗口。单击“立即关闭本窗口”按钮，图 5.5 所示的主窗口将会立即关闭，不会弹出如图 5.6 所示的关闭窗口选择对话框。单击“打开子窗口”按钮，将会打开如图 5.7 所示的子窗口，单击该窗口中的“关闭本窗口”按钮，该窗口将会立即关闭，不会弹出如图 5.6 所示的关闭窗口选择对话框。

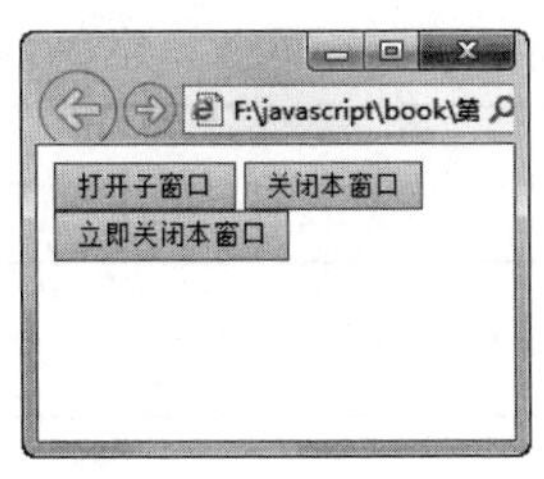

图 5.5　主窗口

图 5.6　关闭窗口选择对话框

图 5.7　子窗口

知识预备

1. Window（窗体）对象

Window（窗体）对象指的是整个浏览器窗口，它有很多属性、事件和方法。例如，前面项目中的 alert()、prompt()等就是 Window 对象的方法，onload 事件就是 Window 对象的一个事件。

Window 对象的属性如表 5.1 所示。

表 5.1　Window 对象的属性

属　　性	描　　述
closed	获取引用窗口是否已关闭
defaultStatus	设置或获取要在窗口底部的状态栏中显示的默认信息
dialogArguments	设置或获取传递给模态窗口的变量或变量数组
dialogHeight	设置或获取模态窗口的高度
dialogLeft	设置或获取模态窗口的 x 坐标
dialogTop	设置或获取模态窗口的 y 坐标
dialogWidth	设置或获取模态窗口的宽度
frameElement	获取在父文档中生成 Window 对象的 Frame 对象或 Iframe 对象
length	设置或获取集合中对象的数目
name	设置或获取表明窗口名称的值
offscreenBuffering	设置或获取对象在对用户可见之前是否要先在屏幕外绘制
opener	设置或获取创建当前窗口的引用
parent	获取对象层次中的父窗口
returnValue	设置或获取从模态窗口返回的值
screenLeft	获取浏览器客户区域左上角相对于屏幕左上角的 x 坐标
screenTop	获取浏览器客户区域左上角相对于屏幕左上角的 y 坐标
self	获取对当前窗口或框架的引用
status	设置或获取位于窗口底部的状态栏中的信息
top	获取顶层的“祖先”窗口

Window 对象的事件如表 5.2 所示。

表 5.2　Window 对象的事件

事　　件	描　　述
onblur	当对象失去鼠标焦点时触发
onerror	当对象在装载过程中发生错误时触发
onfocus	当对象获得鼠标焦点时触发

续表

事　件	描　述
onload	在浏览器完成对象的装载后立即触发
onmove	当对象移动时触发
onmoveend	当对象停止移动时触发
onmovestart	当对象开始移动时触发
onresize	当对象的大小将要改变时触发
onresizeend	当用户更改完控件选中区中对象的尺寸时触发
onresizestart	当用户开始更改控件选中区中对象的尺寸时触发
onscroll	当用户滚动对象的滚动条时触发
onunload	在对象卸载前立即触发

Window 对象的方法如表 5.3 所示。

表 5.3　Window 对象的方法

方　法	描　述
alert()	显示包含由应用程序自定义的消息的对话框
blur()	使元素失去鼠标焦点并触发 onblur 事件
clearInterval()	取消先前使用 setInterval()方法设置的间隔事件
clearTimeout()	取消先前使用 setTimeout()方法设置的超时事件
close()	关闭当前浏览器窗口或 HTML 应用程序（HTA）
confirm()	显示一个确认对话框，其中包含一个可选的消息、“确定”按钮和“取消”按钮
focus()	使元素得到鼠标焦点并执行由 onfocus 事件指定的代码
moveBy()	将窗口的位置移动指定的 x 和 y 偏移量
moveTo()	将窗口左上角的屏幕位置移动到指定的 x 和 y 位置
navigate()	在当前窗口中装入指定 URL
open()	打开新窗口并装入给定 URL 的文档
prompt()	显示一个提示对话框，其中带有一条消息和一个输入框
resizeBy()	根据指定的像素来调整窗口的大小
resizeTo()	将窗口的大小更改为指定的宽度值和高度值
scroll()	将窗口滚动到自左上角起指定的 x 和 y 偏移量
scrollBy()	将窗口滚动 x 和 y 偏移量
scrollTo()	将窗口滚动到指定的 x 和 y 偏移量
setActive()	设置对象为当前对象而不将对象置为焦点
setInterval()	每经过指定毫秒值后计算一个表达式
setTimeout()	经过指定毫秒值后计算一个表达式
showModalDialog()	创建一个显示指定 HTML 文档的模态窗口
showModelessDialog()	创建一个显示指定 HTML 文档的非模态窗口

Window 对象还有子对象，如在项目 1 中介绍的 Document 对象、在项目 3 中介绍的 Math 对象及在项目 4 中介绍的 Event 对象等。Window 对象的主要子对象如表 5.4 所示。

表 5.4　Window 对象的主要子对象

子 对 象	描　述
Document（文档）对象	代表 HTML 文档
Event（事件）对象	代表事件的状态，如事件发生的元素、键盘的状态、鼠标位置和鼠标按钮的状态等
History（历史）对象	代表当前窗口的浏览历史记录

续表

子 对 象	描 述
Location（地址）对象	代表当前文档的 URL
Math（数学）对象	为数学计算提供常量和数学函数
Navigator（浏览器）对象	包含了用户正在使用的浏览器的总体信息
Screen（屏幕）对象	包含了用户正在使用的显示器的信息

Window 对象的子对象在被引用时被当作 Window 对象的一个属性，所以引用方式如下：

```
window.document
window.Math
```

因为 Window 对象是顶层对象，所以其方法和属性及子对象前面的 Window 对象引用可以省略。

2. 打开和关闭窗口

1）open()方法

Window 对象的 open()方法用于打开一个新的浏览器窗口或查找一个已经命名的浏览器窗口。语法格式如下：

```
window.open(URL,name,features,replace)
```

open()方法的参数如表 5.5 所示。

表 5.5 open()方法的参数

参 数	描 述
URL	一个可选的字符串，用于声明要在新窗口中显示的文档的 URL。如果省略这个参数，或者该参数的值是空字符串，则新窗口中将不会显示任何文档
name	一个可选的字符串，该字符串是一个由逗号分隔的特征列表，其中包括数字、字母和下画线。该字符串用于声明新窗口的名称，这个名称可以用作<a>和<form>标签的 target 属性的值。如果该参数指定了一个已经存在的窗口，则 open()方法就不再创建一个新窗口，而只是返回对指定窗口的引用。在这种情况下，features 参数将被忽略。 该参数还可以是以下值。 • _blank：在一个新的空白窗口中打开 • _parent：在当前框架的父窗口中打开，如果没有父窗口，则在自己的窗口中打开 • _self：在自己的窗口中打开 • _top：在顶层窗口中打开
features	一个可选的字符串，用于声明新窗口要显示的标准浏览器的特征。如果省略该参数，则新窗口将具有所有标准特征。窗口的特征如表 5.6 所示
replace	一个可选的布尔值，用于规定装载到窗口的 URL 是在窗口的浏览历史中创建一个新的条目，还是替换浏览历史中的当前条目。 该参数支持以下值。 • true：URL 替换浏览历史中的当前条目 • false：URL 在浏览历史中创建新的条目

表 5.6 窗口的特征

特 征	描 述
channelmode	是否使用剧院模式显示窗口，该特征的可选值为 yes、no、1、0，默认值是 no

续表

特　征	描　述
directories	是否添加目录按钮，该特征的可选值为 yes、no、1、0，默认值是 yes
fullscreen	是否使用全屏模式显示窗口，该特征的可选值为 yes、no、1、0，默认值是 no，处于全屏模式的窗口必须同时处于剧院模式
height	窗口的文档显示区的高度，以像素计
left	窗口的 x 坐标，以像素计
location	是否显示地址字段，该特征的可选值为 yes、no、1、0，默认值是 yes
menubar	是否显示菜单栏，该特征的可选值为 yes、no、1、0，默认值是 yes
resizable	窗口是否可调节尺寸，该特征的可选值为 yes、no、1、0，默认值是 yes
scrollbars	是否显示滚动条，该特征的可选值为 yes、no、1、0，默认值是 yes
status	是否添加状态栏，该特征的可选值为 yes、no、1、0，默认值是 yes
titlebar	是否显示标题栏，该特征的可选值为 yes、no、1、0，默认值是 yes
toolbar	是否显示浏览器的工具栏，该特征的可选值为 yes、no、1、0，默认值是 yes
top	窗口的 y 坐标，以像素计
width	窗口的文档显示区的宽度，以像素计

【实例 5.1】 在指定目标上打开窗口。

在文件“主窗体.html”中输入以下代码：

```
01    <html>
02    <head>
03    <title>主窗体</title>
04    <script type="text/javascript">
05    window.onload=function()
06    {
07        open_窗体 1.onclick=function()
08        {
09            window.open("窗体 1.html","myWin","width=300,height=300");
10        }
11    }
12    </script>
13    </head>
14    <body>
15    <form id="form1" action="ok.html" target="myWin">
16    <a href="#" id="open_窗体 1">打开窗口 1</a><br/>
17    <a href="窗体 2.html" target="myWin">在窗口 1 中打开窗口 2</a>
18    <input type="submit" value="提交并将目标页面显示在窗口 2 中"/>
19    </form>
20    </body>
21    </html>
```

当单击“打开窗口 1”超链接时，将会打开一个窗口，并将该窗口命名为“myWin”（见第 09 行代码）。当单击“在窗口 1 中打开窗口 2”超链接时，因为该超链接打开的目标是 target ="myWin"（见第 17 行代码），所以“窗体 2.html”文件在刚刚打开的窗口中显示。因为表单 form1 提交的目标是 target="myWin"（见第 15 行代码），所以提交的目标文件“ok.html”也在刚刚打开的窗口中显示。

任务分析

在本任务中，需要建立一个子窗口，使用 Window 对象的 open()方法打开该窗口，使用 Window 对象的 close()方法关闭该窗口。需要注意的是，在使用 close()方法关闭窗口前会弹出一个确认对话框。

任务实现

1．建立主窗口

（1）创建主窗口页面文件“主窗口.html”。

（2）在<body></body>标签对中创建 3 个按钮，代码如下：

```
<body>
<input type="button" id="openWinButton" value="打开子窗口"/>
<input type="button" id="closeDialogButton" value="关闭本窗口"/>
<input type="button" id="closeNoDialogButton" value="立即关闭本窗口"/>
</body>
```

（3）在<head></head>标签对中输入以下代码：

```
01  <script type="text/javascript">
02  window.onload=function()
03  {
04      openWinButton.onclick=function()
05      {
06          window.open("子窗口.html","_blank","status=no,menubar=no,left =0,
07  top=0,width=100,height=100");
08      }
09      closeDialogButton.onclick=function()
10      {
11          window.close();
12      }
13      closeNoDialogButton.onclick=function()
14      {
15          window.open("","_self");
16          window.close();
17      }
18  }
19  </script>
```

代码解释

下面对<head></head>标签对中的部分代码进行解释。

（1）第 04～08 行代码是当单击“打开子窗口”按钮触发 onclick 事件时要执行的代码。第 06 行和第 07 行代码表示通过执行 Window 对象的 open()方法打开“子窗口.html”文件。其中，参数“_blank”指该文件在新窗口中打开，参数“status=no,menubar=no,left=0,top=0, width=100,height=100”分别定义了新打开的窗口不显示状态栏、新打开的窗口不显示菜单栏、窗口左边缘离屏幕左边缘的距离为 0、窗口上边缘离屏幕上边缘的距离为 0、窗口的宽度为 100 像素、窗口的高度为 100 像素。

（2）第 09～12 行代码是当单击“关闭本窗口”按钮触发 onclick 事件时要执行的代码。第 11 行代码表示通过执行 Window 对象的 close()方法关闭当前窗口。此时会弹出关闭窗口选择对话框（见图 5.6）。

（3）第 13～17 行代码是当单击“立即关闭本窗口”按钮触发 onclick 事件时要执行的代码。第 16 行代码表示通过执行 Window 对象的 close()方法关闭当前窗口。但是为了不弹出关闭窗口选择对话框，在该行代码的前面添加了第 15 行代码，即打开一个空白窗口替代当前窗口，此时虽然还能看到原来的页面中的内容，但是窗口已被一个空白窗口取代。由于关闭一个由 open()方法打开的窗口不会弹出关闭窗口选择对话框，因此此时执行第 16 行代码中的 close()方法将会立即关闭窗口。

2. 建立子窗口

（1）创建子窗口页面文件“子窗口.html”。

（2）在<body></body>标签对中输入以下代码：

```
<body>
这是被打开的窗口<br/>
<input type="button" id="closeWinButton" value="关闭本窗口"/>
</body>
```

（3）在<head></head>标签对中输入以下代码：

```
01  <script type="text/javascript">
02  window.onload=function()
03  {
04      closeWinButton.onclick=function()
05      {
06          window.close();
07      }
08  }
09  </script>
```

代码解释

第 04～07 行代码是当单击“关闭本窗口”按钮触发 onclick 事件时要执行的代码。第 06 行代码表示通过执行 Window 对象的 close()方法关闭当前窗口。由于当前窗口是由主窗口中的 open()方法打开的，因此浏览器不会弹出关闭窗口选择对话框。

任务 2　用 Location 对象获取 URL 参数

提出任务

在如图 5.8 所示的提交表单页面中有一个“城市”下拉列表，在该下拉列表中选择一个城市选项，单击“提交”按钮后，会进入如图 5.9 所示的显示所选城市页面，在该页面中会显示用户选择的城市，单击该页面中的“返回”按钮，会返回到如图 5.8 所示的页面。

图 5.8　提交表单页面

图 5.9　显示所选城市页面

知识预备

1. innerText 属性和 innerHTML 属性

innerText 属性和 innerHTML 属性的作用都是设置 HTML 标签中要显示的内容，但是 innerHTML 属性可以解析 HTML 标签，而 innerText 属性则只支持普通字符串。示例如下：

```
01    <html>
02    <body>
03    <div id="myDiv"></div>
04    </body>
05    <script type="text/javascript">
06    myDiv.innerHTML="<p>这是第一段</p><p>这是第二段</p>";
07    </script>
08    </html>
```

在执行上述代码后，页面中会显示两段文字，而如果把第 06 行代码中的“innerHTML”换成“innerText”，则程序会把“<p>这是第一段</p><p>这是第二段</p>”当作普通的字符串原样输出。

注意：IE 浏览器、Firefox 浏览器都支持 innerHTML 属性，而 Firefox 浏览器不支持 innerText 属性。在 Firefox 浏览器中，与 innerText 属性相似的属性为 contentText。

可以用 Window 对象的子对象——Navigator（浏览器）对象来判断正在使用的浏览器种类，然后进行兼容性处理。

Navigator 对象包含了正在使用的浏览器的信息，它的 appName 属性可以获取浏览器的名称。如果使用的是 IE 浏览器，则 Navigator 对象的 appName 属性的返回值为 Microsoft Internet Explorer；如果使用的是 Netscape 浏览器，则 Navigator 对象的 appName 属性的返回值是

Netscape。示例如下：

```
if(navigator.appName.indexOf("Explorer")>=0)    //如果是 IE 浏览器
{
        myDiv.innerText="要显示的内容";
}
else
{
        myDiv.textContent="要显示的内容";
}
```

2. Location（地址）对象

Location（地址）对象是 Window 对象的一个子对象，它包含了当前显示的文档的 URL，通过该对象可以访问当前文档的 URL 的不同部分。Location 对象的属性如表 5.7 所示。

表 5.7　Location 对象的属性

属　性	描　述
hash	设置或返回从“#”符号开始的 URL（锚）
host	设置或返回主机名和当前 URL 的端口号
hostname	设置或返回当前 URL 的主机名
href	设置或返回完整的 URL
pathname	设置或返回当前 URL 的路径部分
port	设置或返回当前 URL 的端口号
protocol	设置或返回当前 URL 的协议
search	设置或返回从“?”符号开始的 URL（查询部分）

由于当一个 Location 对象被转换成字符串时，其 href 属性的值也被自动返回，因此可以使用“location”来替代“location.href”。也就是说，以下代码

```
window.location.href="提交表单.html";
```

可以写为以下形式：

```
window.location="提交表单.html";
```

Location 对象的方法如表 5.8 所示。

表 5.8　Location 对象的方法

方　法	描　述
reload([true|false])	重新加载当前文档
replace()	用新的文档替换当前文档
assign()	重定向页面，可以记录历史

其中，reload()方法常用来刷新当前文档，如果省略参数或参数为 false，则从缓存中下载页面数据；如果参数为 true，则从服务器中重新下载数据。assign()方法用来跳转页面，并可以记录历史。replace()方法的作用与单击一个超链接的作用类似。示例如下：

```
window.location.replace("提交表单.html");
```

但使用 replace()方法打开的文档不会记录在历史记录（History 对象）中。

【实例 5.2】 用 Location 对象刷新页面。

```
01    <html>
02    <head>
03    <title>用 Location 对象刷新页面</title>
04    <script type="text/javascript">
05    window.onload=function()
06    {
07        var time=new Date();
08        var h=time.getHours();
09        var m=time.getMinutes();
10        var s=time.getSeconds();
11        timeDiv.innerText=h+":"+m+":"+s;
12        refreshTimeButton.onclick=function()
13        {
14            window.location.reload();
15        }
16    }
17    </script>
18    </head>
19    <body>
20    <div id="timeDiv"></div>
21    <input type="button" id="refreshTimeButton" value="刷新时间"/>
22    </body>
23    </html>
```

在上面的代码中，第 20 行代码表示创建一个 DIV 对象，以便显示当前的系统时间。第 21 行代码表示创建一个“刷新时间”按钮，每单击一次该按钮，页面就刷新一次，DIV 对象中就重新显示一次当前的系统时间。第 07 行代码表示通过 Date 对象创建了一个日期对象 time。第 08 行代码表示通过 time 对象的 getHours()方法得到当前系统时间的小时数，第 09 行代码表示通过 time 对象的 getMinutes()方法得到当前系统时间的分钟数，第 10 行代码表示通过 time 对象的 getSeconds()方法得到当前系统时间的秒数。第 11 行代码表示将系统时间以“时:分:秒”的格式输出在 DIV 对象中。第 12～15 行代码是当单击“刷新时间”按钮触发 onclick 事件时要执行的代码，第 14 行代码表示通过 Location 对象的 reload()方法重新加载当前的页面，相当于刷新页面，使第 07～11 行代码重新执行一遍，因此可以看到页面中的时间被刷新了。

3．编码和解码

如果浏览器的地址栏中有中文字符，则可能出现不可预期的错误，所以常常先用 encodeURI()方法把非英文字符转化为英文编码，再用 decodeURI()方法把字符还原回来。这两个方法常常配对使用。encodeURI()方法不会对 ASCII 码中的字母和数字进行编码，也不会对 ASCII 码中的“-”、“_”、“.”、“!”、“~”、“*”、“'”、“(”和“)”等标点符号进行编码。

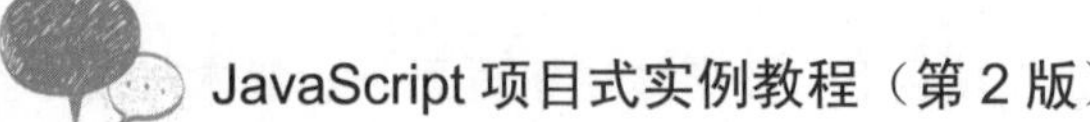

例如，encodeURI("你好!javascript")编码后的结果如下：

```
%E4%BD%A0%E5%A5%BD!javascript
```

如果将编码后的结果用 decodeURI()方法解码，如下：

```
decodeURI("%E4%BD%A0%E5%A5%BD!javascript")
```

则可以将字符还原成"你好!javascript"。

任务分析

图 5.8 所示的页面中需要建立一个表单，将“城市”下拉列表中的值提交给如图 5.9 所示的页面显示。接收提交表单中的值一般使用动态网页技术实现，如果使用 JavaScript 技术在客户端实现，则可以先使用 Location 对象的 search 属性来接收表单通过 get 方式提交过来的 URL 数据，然后从这个 URL 数据中截取出需要的部分。

任务实现

1. 建立提交表单页面

（1）创建一个页面文件“提交表单.html”。

（2）在<body></body>标签对中输入以下代码，以建立如图 5.8 所示的提交表单页面。其中，第 02 行代码表示表单用 get 方式提交数据，数据被提交到的页面是“显示所选城市.html”。

```
01    <body>
02    <form id="form1" method="get" action="显示所选城市.html">
03      城市:
04      <select name="city" id="city">
05        <option value="广州">广州</option>
06        <option value="上海">上海</option>
07        <option value="北京">北京</option>
08      </select>
09      <input type="submit" name="button" id="button" value="提交" />
10    </form>
11    </body>
```

2. 建立显示所选城市页面

（1）创建一个页面文件“显示所选城市.html”。

（2）在<body></body>标签对中输入以下代码，以建立如图 5.9 所示的显示所选城市页面。其中，第 02 行代码表示创建一个 DIV 对象，在其内部将显示所选城市的信息。

```
01    <body>
02    <div id="cityDiv"></div>
03    <input type="button" id="backButton" value="返回">
04    </body>
```

（3）在<head></head>标签对中输入以下代码：

```
01  <script type="text/javascript">
02  window.onload=function()
03  {
04      var url=decodeURI(window.location.search);
05      var str=url.substr(1);
06      var cityStr=str.split("&")[0];
07      var city=cityStr.split("=")[1];
08      cityDiv.innerText="您选择的城市是："+city;
09      backButton.onclick=function()
10      {
11          window.location.href="提交表单.html";
12      }
13  }
14  </script>
```

代码解释

下面对<head></head>标签对中的部分代码进行解释。

（1）第 04 行代码表示利用 window.location.search 接收表单通过 get 方式提交过来的 URL 数据。因为 URL 数据是经过编码的，其中的中文会变为乱码，所以需要用 decodeURI()方法对提交过来的 URL 数据进行解码。例如，用户选择了“广州”，提交过来的 URL 数据中的参数部分如下：

```
?city=%E5%B9%BF%E5%B7%9E&button=%E6%8F%90%E4%BA%A4
```

其中，字符串"%E5%B9%BF%E5%B7%9E"就是汉字“广州”经过编码后的形式；字符串"%E6%8F%90%E4%BA%A4"是汉字“提交”经过编码后的形式。如果用 decodeURI()方法对编码后的结果进行解码，如下：

```
decodeURI("?city=%E5%B9%BF%E5%B7%9E&button=%E6%8F%90%E4%BA%A4")
```

则提交过来的 URL 数据的参数部分变为以下形式：

```
?city=广州&button=提交
```

（2）第 05 行代码表示用 substr()方法截取“?”符号后面的字符串部分，可以得到以下字符串：

```
city=广州&button=提交
```

（3）第 06 行代码表示用 split()方法以字符“&”为分割符分割上面得到的字符串，可以得到一个字符串数组，其中下标为 0 的数组元素就是字符串"city=广州"。

（4）第 07 行代码表示继续用 split()方法以字符“=”为分割符对字符串"city=广州"进行分割，可以得到一个字符串数组，其中下标为 1 的数组元素就是字符串"广州"。

（5）第 08 行代码表示通过设置 DIV 对象的 innerText 属性的值在该 DIV 对象中显示相应

的信息。

（6）第 09～12 行代码是当单击“返回”按钮触发 onclick 事件时要执行的代码。其中，第 11 行代码表示通过设置 Location 对象的 href 属性的值，使页面跳转到提交表单页面（“提交表单.html”）。

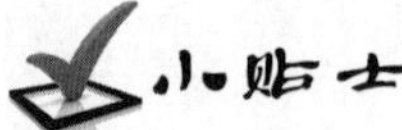

在页面文件“提交表单.html”的代码中，如果在 id 为“city”的<select></select>标签对中，<option>标签的 value 属性的值不设置为中文，示例如下：

```
<option value="gz">广州</option>
```

则数据通过 get 方式提交后，地址中“city”的值就是“gz”，不会出现乱码，此时不需要解码。

任务 3　窗口信息交互

提出任务

在主窗口中有一个文本区域框，在该文本区域框中输入内容“我来自中国”后，如图 5.10 所示，单击“编辑>>”按钮，会打开编辑窗口，在该窗口中也有一个文本区域框，该文本区域框内会自动显示传递过来的文字“我来自中国”。用户可以重新编辑内容，比如修改为“我来自中国。我爱中国！”，如图 5.11 所示，单击“回传修改并关闭”按钮，将会立即关闭当前窗口，同时在如图 5.10 所示的主窗口的文本区域框内会显示修改后的内容“我来自中国。我爱中国！”。

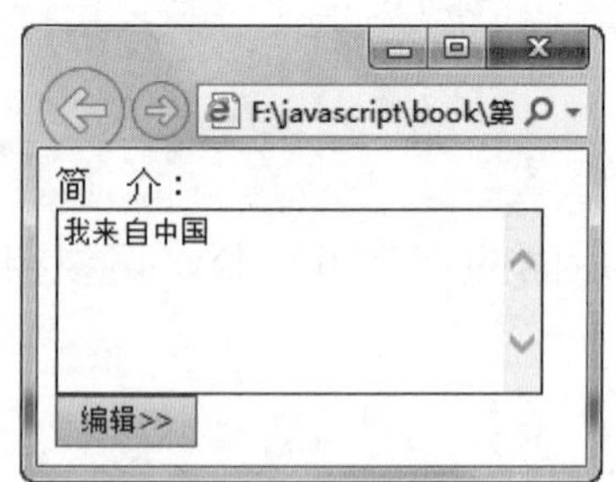

图 5.10　主窗口

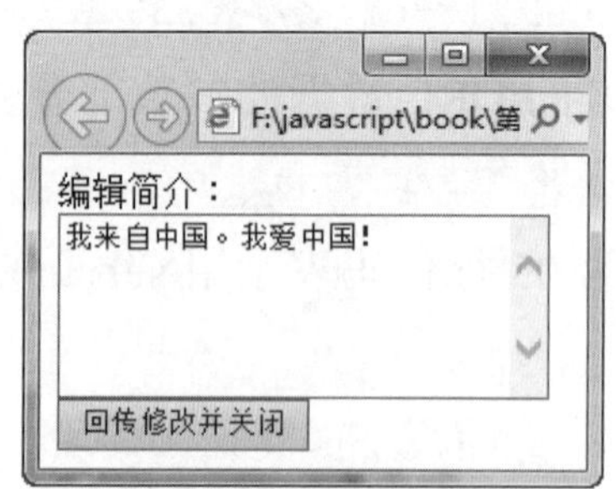

图 5.11　编辑窗口

知识预备

window.opener 实际上就是通过 window.open()方法打开的窗体的父窗体。例如，在 winParent 窗体中执行 window.open("winSub.html")，则在 winSub.html 中 window.opener 就代表 winParent 窗体。window.opener 有以下两个用法。

（1）用于在子窗体中引用父窗体中的网页元素，示例如下：

```
window.opener.formname.submit();//提交主窗体中的表单
```

（2）用于在子窗体中执行父窗体的方法或属性，示例如下：

```
window.opener.location.reload();//刷新主窗体
```

任务分析

本任务的目的是在主窗口和被主窗口通过 open()方法打开的子窗口之间共享数据，可以在子窗口中使用 window.opener 引用主窗口。

任务实现

1．建立主窗口

（1）创建主窗口页面文件“主窗口.html”。

（2）在<body></body>标签对中创建一个文本区域框 introMain 和一个按钮，代码如下：

```
<body>
<form name="form1" action="">
简　介：
<textarea cols="25" rows="5" id="introMain"></textarea>
<input type="button" value="编辑>>" id="openWinButton"/>
</form>
</body>
```

（3）在<head></head>标签对中输入以下代码：

```
01    <script type="text/javascript">
02    window.onload=function()
03    {
04        form1.openWinButton.onclick=function()
05        {
06            window.open("编辑窗口.html","_blank","width=250,height=150");
07        }
08    }
09    </script>
```

代码解释

<head></head>标签对中的第 04～07 行代码是当单击“编辑>>”按钮触发 onclick 事件时要执行的代码，第 06 行代码表示在一个独立的窗口中打开页面文件“编辑窗口.html”。

2．建立编辑窗口

（1）创建编辑窗口页面文件“编辑窗口.html”。

（2）在<body></body>标签对中创建一个文本区域框 introSub 和一个按钮，代码如下：

```
<body>
编辑简介：
<textarea cols="25" rows="5" id="introSub"></textarea>
<input type="button"value="回传修改并关闭" id="closeSelfButton" />
</body>
```

（3）在<head></head>标签对中输入以下代码：

```
01    <script type="text/javascript">
02    window.onload=function()
03    {
04        introSub.value=window.opener.form1.introMain.value;
05        closeSelfButton.onclick=function()
06        {
07            window.opener.form1.introMain.value=introSub.value;
08            window.close();
09        }
10    }
11    </script>
```

代码解释

下面对<head></head>标签对中的部分代码进行解释。

（1）第 04 行代码表示将主窗口中文本区域框 introMain 的值赋给编辑窗口中的文本区域框 introSub。“=”符号右边的 window.opener 指的是打开当前窗口的窗口，也就是页面文件“主窗口.html”所在的窗口。

（2）第 05～09 行代码是当单击“回传修改并关闭”按钮触发 onclick 事件时要执行的代码。第 07 行代码表示将编辑窗口中文本区域框 introSub 的值赋给主窗口中的文本区域框 introMain，从而实现更新主窗口中信息的目的。

（3）第 08 行代码表示关闭编辑窗口。因为编辑窗口是被主窗口用 open()方法打开的，所以不会弹出关闭窗口选择对话框。

任务 4　与模态窗口进行信息交互

提出任务

在主窗口中有一个文本框，在该文本框中输入内容后，如图 5.12 所示，单击“弹出模态窗口并传递消息”按钮，会打开如图 5.13 所示的模态窗口，在该模态窗口中也有一个文本框，该文本框内会自动显示传递过来的文字。用户可以重新编辑内容，单击“回传修改并关闭”按钮，将会立即关闭当前的模态窗口，同时在如图 5.12 所示的主窗口的文本框内会显示修改后的内容。

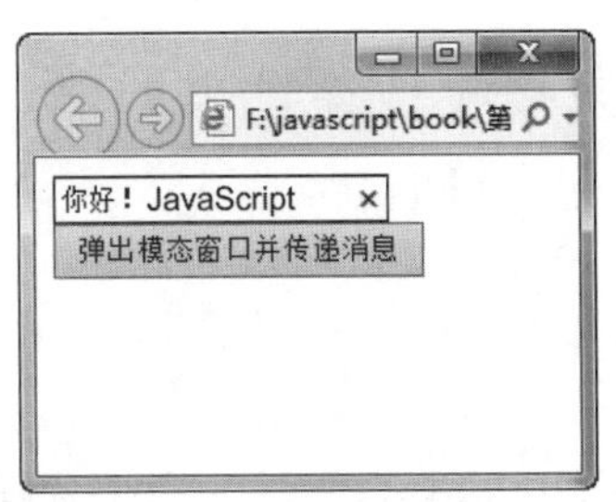

图 5.12 主窗口

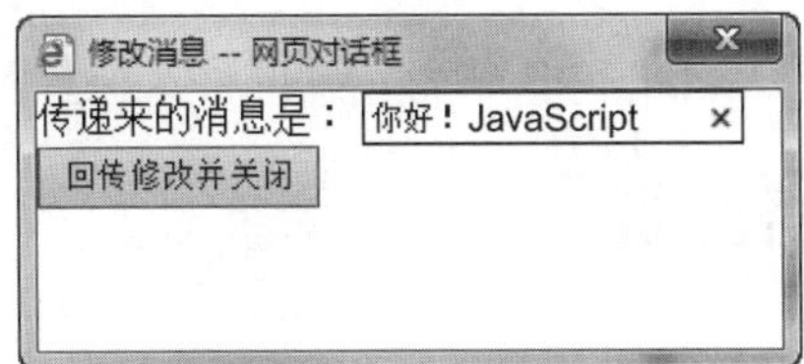

图 5.13 模态窗口

知识预备

1. 模态窗口

模态窗口也称模态对话框或模式对话框。当模态窗口弹出时，用户不能操作浏览器中的其他窗口。用 Window 对象的 showModalDialog()方法可以弹出一个模态窗口，语法格式如下：

```
vReturnValue = window.showModalDialog(sURL [,vArguments] [,sFeatures])
```

showModalDialog()方法的参数如表 5.9 所示。

表 5.9 showModalDialog()方法的参数

参　数	描　述
sURL	必选参数，类型为字符串，用来指定对话框中要显示的文档的 URL
vArguments	可选参数，类型为变体，用来向对话框传递参数。传递的参数的类型不限，包括数组等。对话框通过 window.dialogArguments 来获取传递过来的参数
sFeatures	可选参数，类型为字符串，用来描述对话框的外观等信息，可以使用表 5.10 里列出的特征中的一个或几个，多个特征之间用分号“;”隔开

表 5.10 窗口的特征

特　征	描　述
dialogHeight	窗口的高度，不小于 100 像素
dialogWidth	窗口的宽度
dialogLeft	窗口离屏幕左边缘的距离
dialogTop	窗口离屏幕上边缘的距离
center	是否居中，该特征的可选值为 yes、no、1、0，默认值是 yes，但仍可以指定高度和宽度
help	是否显示帮助按钮，该特征的可选值为 yes、no、1、0，默认值是 yes
resizable	是否可被改变大小，该特征的可选值为 yes、no、1、0，默认值是 no。IE 5+版本的浏览器支持这个特征
status	是否显示状态栏，该特征的可选值为 yes、no、1、0，默认值是 no。IE 5+版本的浏览器支持这个特征
scroll	是否显示滚动条，该特征的可选值为 yes、no、1、0、on、off，默认值是 yes

2. 模态窗口传递参数

在使用 Window 对象的 showModalDialog()方法打开一个模态窗口时，可以用 vArguments 参数来向模态窗口传递值，值的类型不限，对于字符串类型值，最大为 4096 个字符。

模态窗口可以通过 window.dialogArguments 属性来接收传递过来的值，可以通过 window.returnValue 属性向打开模态窗口的窗口返回值。

任务分析

打开一个模态窗口必须使用 Window 对象的 showModalDialog()方法，并且将要传递给模态窗口的数据存放在该方法的 vArguments 参数中。

任务实现

1. 建立主窗口

（1）创建主窗口页面文件“主窗口.html”。

（2）在<body></body>标签对中创建一个文本框 mainMsgText 和一个按钮，代码如下：

```
<body>
<input type="text" id="mainMsgText"/>
<input type="button" id="openDiaWinBtn" value="弹出模态窗口并传递消息"/>
</body>
```

（3）在<head></head>标签对中输入以下代码：

```
01    <script type="text/javascript">
02    window.onload=function()
03    {
04        openDiaWinBtn.onclick=function()
05        {
06            var msg=mainMsgText.value;
07            var returnValue=window.showModalDialog("模态窗口.html",msg,
08    "dialogHeight:50px;dialogWidth:300px;dialogTop:0px;dialogLeft:0px");
09            mainMsgText.value=returnValue;
10        }
11    }
12    </script>
```

代码解释

第 04～10 行代码是当单击“弹出模态窗口并传递消息”按钮触发 onclick 事件时要执行的代码。第 06 行代码表示将文本框中的内容存储在变量 msg 中。第 07 行和第 08 行代码表示使用 Window 对象的 showModalDialog()方法打开一个模态窗口，并将 showModalDialog()方法执行的结果赋给变量 returnValue，其作用是存储从模态窗口返回的值。showModalDialog()方法的第一个参数用于设置对话框中显示的页面文件为“模态窗口.html”，第二个参数用于将变量 msg 中的值传递给模态窗口，第三个参数用于设置模态窗口的高度和宽度及离屏幕上边缘和左边缘的距离。第 09 行代码表示把变量 returnValue 的值显示在文本框中。

2. 建立模态窗口

（1）创建将在模态窗口中显示的页面文件“模态窗口.html”。

（2）在<body></body>标签对中创建一个文本框 diaMsgText 和一个按钮，代码如下：

```
<body>
传递来的消息是:
<input type="text" id="diaMsgText"/>
<input type="button" id="closeWinButton" value="回传修改并关闭"/>
</body>
```

（3）在<head></head>标签对中输入以下代码：

```
01    <script type="text/javascript">
02    window.onload=function()
03    {
04        diaMsgText.value=window.dialogArguments;
05        closeWinButton.onclick=function()
06        {
07            window.returnValue=diaMsgText.value;
08            window.close();
09        }
10    }
11    </script>
```

代码解释

下面对<head></head>标签对中的部分代码进行解释。

（1）第 04 行代码表示在文本框中显示从主窗口传过来的变量 msg 的值。该值被存储在 Window 对象的 dialogArguments 属性中。

（2）第 05～09 行代码是当单击“回传修改并关闭”按钮触发 onclick 事件时要执行的代码。第 07 行代码表示设置 Window 对象的 returnValue 属性的值为文本框中的值，作用是将文本框中的内容返回到主窗口中。第 08 行代码表示直接关闭模态窗口。当关闭模态窗口时不会弹出关闭窗口选择对话框。

任务 5　超时与时间间隔

提出任务

在如图 5.14 所示的窗口中有一个系统时钟在实时更新计时。单击“暂停”按钮，时钟停止更新计时；单击“开始”按钮，时钟又开始实时更新计时。

图 5.14　超时与时间间隔

知识预备

1．超时方法 setTimeout()

setTimeout()是 Window 对象的一个方法，功能是经过一定的时间（单位是毫秒）后执行一段代码或表达式。注意，setTimeout()方法只执行一次。语法格式如下：

```
var iTimerID = window.setTimeout(vCode,iMilliSeconds)
```

变量 iTimerID 及 setTimeout()方法的参数如表 5.11 所示。

表 5.11　变量 iTimerID 及 setTimeout()方法的参数

变量及方法的参数	描　述
iTimerID	存储 setTimeout()方法返回的值，如果需要取消这个超时事件，则可以用 clearTimeout(iTimerID)清除
vCode	要执行的代码，既可以是 JavaScript 语句，也可以是一个要调用的函数的名称。注意，函数名称的后面如果保留一对小括号“()”，则函数名称和一对小括号都要用双引号或单引号括起来（注意：此时要调用的函数与 setTimeout()方法语句不能同时出现在窗口预加载函数中）；如果函数名称的后面不保留一对小括号“()”，则函数名称不要用双引号或单引号括起来。例如，“setTimeout("myFunction()",1000);”或“setTimeout(myFunction,1000);”
iMilliSeconds	执行代码前的延迟时间，单位是毫秒

例如，下面的代码表示在延迟 1 秒后弹出对话框，该对话框中显示 1，单击“确定”按钮后，程序执行完毕。

```
var i=0;
setTimeout("i+=1;alert(i)",1000);
```

2．时间间隔方法 setInterval()

setInterval()是 Window 对象的一个方法，功能是每经过一定的时间（单位是毫秒）就执行一段代码或表达式。注意，与 setTimeout()方法不同的是，setInterval()方法周期性地执行，直到强制停止。语法格式如下：

```
var iTimerID = window.setInterval(vCode,iMilliSeconds)
```

变量 iTimerID 及 setInterval()方法的参数如表 5.12 所示。

表 5.12　变量 iTimerID 及 setInterval()方法的参数

变量及方法的参数	描　述
iTimerID	存储 setInterval()方法返回的值，如果需要取消这个时间间隔事件，则可以用 clearInterval(iTimerID)清除
vCode	要执行的代码，既可以是 JavaScript 语句，也可以是一个要调用的函数的名称。注意，函数名称的后面如果保留一对小括号“()”，则函数名称和一对小括号都要用双引号或单引号括起来（注意：此时要调用的函数与 setInterval()方法语句不能同时出现在窗口预加载函数中）；如果函数名称的后面不保留一对小括号“()”，则函数名称不要用双引号或单引号括起来。例如，“setInterval("myFunction()",1000);”或“setInterval(myFunction,1000);”
iMilliSeconds	执行代码前的延迟时间，单位是毫秒

例如，下面的代码表示在延迟 1 秒后弹出对话框，该对话框中显示 1，单击“确定”按钮，1 秒后，继续弹出对话框，该对话框中显示 2，以此类推，周期性地执行。

```
var i=0;
setInterval("i+=1;alert(i)",1000);
```

【实例 5.3】从 10 到 0 倒计时。

```
01    <script type="text/javascript">
02    var i=10;
03    var interID;
04    window.onload=function()
05    {
06       interID=window.setInterval("countdown()",1000);
07    }
08    function countdown()
09    {
10       document.title=i; //在窗口标题栏中显示倒计时数字
11       i--;
12       if(i<0)
13       {
14          window.clearInterval(interID);
15       }
16    }
17    </script>
```

在本例中，setInterval()方法要调用的 countdown()函数保留了一对小括号（见第 06 行代码），所以要用双引号（或单引号）括起来，同时，countdown()函数的实现过程也不能写在窗口预加载函数中。

另外，setInterval()方法还可以用来调用带参数的函数。

【实例 5.4】周期性地执行带参数的函数。

```
01    <script type="text/javascript">
02    var s="你好";
03    function ok(msg)
04    {
05       alert(msg);
06    }
07    setInterval("ok('"+s+"')",2000);
08    </script>
```

第 07 行代码表示使用字符拼接的方式将变量 s 的值传入函数 ok()。注意，因为 s 是字符串，所以在调用 ok()函数时，应该在变量 s 的值的两边添加双引号或单引号，如 ok("你好")或 ok('你好')。

任务分析

时钟的显示既可以通过每隔 1 秒调用一次 Window 对象的 setTimeout()方法获取系统的时间来实现，也可以通过调用 Window 对象的 setInterval()方法每隔 1 秒获取一次系统的时间来实现。无论是 setTimeout()方法还是 setInterval()方法，在执行时都会产生一个 ID，暂停功能实际上就是使用 clearTimeout()方法或 clearInterval()方法将这个 ID 从内存中清除，使 setTimeout()方法或 setInterval()方法不能继续执行。

任务实现

（1）创建一个页面文件“超时与时间间隔.html”。

（2）在<body></body>标签对中创建一个 DIV 对象和两个按钮，代码如下：

```
<body>
<div id="timeDiv"></div>
<input type="button" id="stopTimeButton" value="暂停"/>
<input type="button" id="startTimeButton" value="开始"/>
</body>
```

（3）在<head></head>标签对中输入以下代码：

```
01  <script type="text/javascript">
02  window.onload=function()
03  {
04      var timeoutID;
05      showTime();
06      function showTime()
07      {
08          var time=new Date();
09          var h=time.getHours();
10          var m=time.getMinutes();
11          var s=time.getSeconds();
12          timeDiv.innerHTML=h+":"+m+":"+s;
13          timeoutID=window.setTimeout(showTime,1000);
14      }
15      stopTimeButton.onclick=function()
16      {
17          window.clearTimeout(timeoutID);
18      }
19      startTimeButton.onclick=function()
20      {
21          window.clearTimeout(timeoutID);
22          showTime();
23      }
24  }
25  </script>
```

代码解释

下面对<head></head>标签对中的部分代码进行解释。

（1）第 06～14 行代码表示定义一个函数 showTime()，该函数的功能是获取当前的系统时间并显示在 DIV 对象中，然后每隔 1 秒重新执行 showTime()函数。其效果是在 DIV 对象中实时显示当前的系统时间。

（2）第 08 行代码表示定义一个日期对象 time，第 09～11 行代码表示分别获取系统时间的小时数、分钟数、秒数，第 12 行代码表示将系统时间按照指定格式显示在 DIV 对象中。

（3）第 13 行代码表示通过执行 Window 对象的 setTimeout()方法每隔 1000 毫秒（1 秒）就执行一次 showTime()函数。同时，将执行的超时事件的 ID 存储在全局变量 timeoutID 中（见第 04 行代码）。

（4）第 05 行代码表示当页面加载完成后就执行 showTime()函数，从而在页面中实时更新显示当前的系统时间。

（5）第 15～18 行代码是当单击“暂停”按钮触发 onclick 事件时要执行的代码。其中，第 17 行代码表示通过执行 Window 对象的 clearTimeout()方法清除存储在全局变量 timeoutID 中的超时事件的 ID，从而停止超时事件的发生。这样 showTime()函数便不再被执行，从而使 DIV 对象中显示的系统时间停止更新。

（6）第 19～23 行代码是当单击“开始”按钮触发 onclick 事件时要执行的代码。其中，第 22 行代码表示调用 showTime()函数，使该函数被重新执行，此时 DIV 对象中显示的系统时间开始实时更新。但是，用户可能不止一次地单击“开始”按钮，不断重复执行 showTime()函数，导致该函数中的第 13 行代码被重复执行，其后果是由于创建了多个超时事件，此时如果单击“暂停”按钮，则无法清除所有的超时事件的 ID，导致无法暂停时间的更新，因此在第 21 行代码中先用 clearTimeout()方法清除一次当前存在的超时事件的 ID，从而保证每次只有一个超时事件。

任务 6　“项目 5”的实现

知识预备

1. Screen（屏幕）对象

Screen（屏幕）对象是 Window 对象的子对象，它包含了用户正在使用的显示器屏幕的信息，如屏幕的分辨率等。Screen 对象没有事件和方法，其属性如表 5.13 所示。

表 5.13　Screen 对象的属性

属　性	描　述
height	获取屏幕的垂直分辨率
width	获取屏幕的水平分辨率
colorDepth	获取屏幕的颜色像素位数
availHeight	获取系统屏幕的工作区域的高度，对于 Windows 系统来说，排除任务栏的高度
availWidth	获取系统屏幕的工作区域的宽度，对于 Windows 系统来说，排除任务栏的宽度

【实例 5.5】用 Screen 对象检测屏幕的信息。

```
<script type="text/javascript">
var w=screen.width;
var h=screen.height;
var aw=screen.availWidth;
var ah=screen.availHeight;
var cd=screen.colorDepth;
document.write("屏幕的宽度是: "+w+"<br/>");
document.write("屏幕的高度是: "+h+"<br/>");
document.write("屏幕的有效宽度是: "+aw+"<br/>");
document.write("屏幕的有效高度是: "+ah+"<br/>");
document.write("屏幕的颜色深度是: "+cd+"<br/>");
</script>
```

2. History（历史）对象

History（历史）对象是 Window 对象的子对象，它存储了浏览器窗口最近所访问过的历史网址。通过 History 对象的方法，可以实现类似浏览器窗口中的前进、后退等按钮的功能。为安全起见，History 对象并不给出浏览器窗口所访问过的历史网址的实际 URL。

History 对象只有一个属性 length，该属性的作用是获取浏览历史记录列表中网页的数目。

History 对象的方法有 3 个，主要用于导航浏览历史记录，如表 5.14 所示。

表 5.14 History 对象的方法

方　法	描　述
back()	从当前页面后退到上一个访问过的 URL
forward()	从当前页面前进到下一个访问过的 URL
go()	从当前页面直接跳转到浏览历史记录中的任意一个 URL。该方法一般有一个参数，表示要访问的 URL 在浏览历史记录中相对于当前页面的位置，参数的取值有以下几种。 • -1：代表前一个访问过的 URL（与 forward()方法类似） • 0：代表当前的 URL • 1：代表后一个访问过的 URL（与 back()方法类似） • n（n 为整数）：代表相对位置为 n 的 URL

【实例 5.6】用 History 对象浏览历史网页。

（1）“1.html” 页面的代码如下：

```
<body>
<p>这是第【1】页</p>
<input type="button" value="<<" onclick="history.back()"/>
<input type="button" value=">>" onclick="history.forward()"/>
<p><a href="2.html">打开 2.html</a></p>
</body>
```

（2）“2.html” 页面的代码如下：

```
<body>
<p>这是第【2】页</p>
```

```
<input type="button" value="<<" onclick="history.back()"/>
<input type="button" value=">>" onclick="history.forward()"/>
<p><a href="1.html">打开 1.html</a></p>
</body>
```

测试方法：先运行“1.html”页面，单击“<<”和“>>”按钮均没有反应，原因是此时还没有浏览历史记录。单击“打开 2.html”超链接，此时页面跳转到“2.html”页面，单击“>>”按钮没有反应，因为相对于“2.html”页面来说，它还没有下一个 URL，但是由于它的上一个 URL 是“1.html”页面，所以，此时单击“<<”按钮，页面会回到“1.html”页面。

项目分析

（1）在本项目中需要建立 4 个页面，分别为首页（index.html）、用户注册页面（reg.html）、注册须知页面（notice.html）和编辑简介页面（edit.html）。

（2）首页（index.html）的状态栏中循环滚动的文字可以使用 Window 对象的 setTimeout()方法或 setInterval()方法实现。

（3）因为注册须知页面（notice.html）要在对话框中打开，所以可以使用 Window 对象的 showModalDialog()方法实现；因为编辑简介页面（edit.html）要在新窗口中打开，所以可以使用 Window 对象的 open()方法实现。

项目实现

1. 建立首页

（1）创建首页文件“index.html”。

（2）在<body></body>标签对中创建一个按钮，代码如下：

```
<body>
这是首页
<input type="button" value="注册" id="goRegButton"/>
</body>
```

（3）在<head></head>标签对中输入以下代码：

```
<script type="text/javascript">
window.onload=function()
{
    setInterval(scrollChar,100);
    goRegButton.onclick=function()
    {
        window.location.href="reg.html";
    }
}
var str="欢迎光临本站！";
function scrollChar()

```

```
13    {
14        first=str.charAt(0);
15        last=str.substring(1,str.length);
16        str=last+first;
17        window.status=str;
18    }
      </script>
```

代码解释

下面对<head></head>标签对中的部分代码进行解释。

（1）第 10 行代码表示定义一个全局变量 str，用于存储在窗口的状态栏中将要显示的文字。

（2）第 11～17 行代码表示定义一个函数 scrollChar()，该函数的功能是截取全局变量 str 中文字的首个字符并拼接到剩余文字的尾部，然后将文字显示在窗口的状态栏中（见第 16 行代码）。

（3）第 04 行代码表示每隔 100 毫秒就执行一次 scrollChar()函数，也就是每隔 100 毫秒就截取全局变量 str 中文字的首个字符并拼接到剩余文字的尾部，然后将文字显示在状态栏中，这样给人的感觉就像是文字循环往复地从右向左移动。

（4）第 05～08 行代码是当单击“注册”按钮触发 onclick 事件时要执行的代码。第 07 行代码表示使页面跳转到用户注册页面“reg.html”。

2．建立用户注册页面

（1）创建用户注册页面文件“reg.html”。

（2）在<body></body>标签对中创建如图 5.2 所示的用户注册页面，代码如下：

```
<body>
【用户注册】
<input type="button" value="注册须知" id="noticeButton"/><br/>
<form name="form1" method="post" action="">
    用户名：<input type="text" name="username"/><br/>
    密　码：<input type="text" name="psw"/><br/>
    简　介：
    <textarea cols="25" rows="5" id="introduce"></textarea>
    <input type="button" value="编辑>>" id="editButton"/><br/>
    <input type="submit" value="提交"/>
</form>
<input type="button" value="首页" id="goBackButton"/>
<input type="button" value="关闭" id="closeButton"/>
</body>
```

（3）在<head></head>标签对中输入以下代码：

```
<script type="text/javascript">
window.onload=function()
```

```
03    {
04        window.resizeTo(280,400);
05        window.moveTo((screen.width-280)/2,(screen.height-400)/2);
06        noticeButton.onclick=function()
07        {
08        window.showModalDialog("notice.html","","dialogHeight:200px;dialog
09    Width:200px;");
10        }
11        form1.editButton.onclick=function()
12        {
13        window.open("edit.html","_blank","status=no,left=0,top=0,width=
14    "+screen.width/3+",height="+screen.height/3);
15        }
16        closeButton.onclick=function()
17        {
18            window.open("","_self");
19            window.close();
20        }
21        goBackButton.onclick=function()
22        {
23            history.back();
24        }
25    }
26    </script>
```

代码解释

下面对<head></head>标签对中的部分代码进行解释。

（1）第 04 行代码表示执行 Window 对象的 resizeTo()方法，将窗口的尺寸设置成宽度为 280 像素、高度为 400 像素。

（2）第 05 行代码表示执行 Window 对象的 moveTo()方法，将窗口移动到屏幕的正中。其中，该方法的第一个参数的值是窗口的左上角离屏幕左边缘的距离，第二个参数的值是窗口的左上角离屏幕上边缘的距离。“screen”是屏幕对象，“screen.width”是屏幕的宽度，“screen.height”是屏幕的高度。

（3）第 06～10 行代码是当单击“注册须知”按钮触发 onclick 事件时要执行的代码。第 08 行和第 09 行代码表示通过执行 showModalDialog()方法打开一个模态窗口，该模态窗口内部显示注册须知页面（notice.html）。

（4）第 11～15 行代码是当单击“编辑>>”按钮触发 onclick 事件时要执行的代码。第 13 行和第 14 行代码表示通过执行 open()方法在新窗口中打开编辑简介页面（edit.html）。

（5）第 16～20 行代码是当单击“关闭”按钮触发 onclick 事件时要执行的代码，当关闭窗口时不弹出关闭窗口选择对话框。

（6）第 21～24 行代码是当单击“首页”按钮触发 onclick 事件时要执行的代码，作用是返回上一个页面，即首页（index.html）。这里没有使用 Location 对象，而是利用 History 对象的 back()方法返回上一个页面。

3. 建立注册须知页面

（1）创建注册须知页面文件“notice.html”。

（2）在<body></body>标签对中创建如图 5.3 所示的注册须知页面，代码如下：

```
01    <body>
02    这是注册须知的内容......
03    <a href="javascript:window.close();">关闭</a>
04    </body>
```

代码解释

第 03 行代码表示定义一个超链接“关闭”，链接地址不是一个普通的网页地址，而是 JavaScript 代码，执行的操作是调用 Window 对象的 close()方法关闭窗口。可以看到，在超链接的 href 属性中也可以执行 JavaScript 代码或调用 JavaScript 函数。但是，必须在前面加上“javascript:”标记。

4. 建立编辑简介页面

（1）创建编辑简介页面文件“edit.html”。

（2）在<body></body>标签对中创建如图 5.4 所示的编辑简介页面，代码如下：

```
<body>
简  介:
<textarea name="introduce" cols="30" rows="10" id="introduce">
</textarea>
<input type="button" value="确定修改关闭本窗口" id="closeButton"/>
</body>
```

（3）在<head></head>标签对中输入以下代码：

```
<script type="text/javascript">
window.onload=function()
{
        introduce.value=window.opener.form1.introduce.value;
        closeButton.onclick=function()
        {
            if(window.opener && !window.opener.closed)
            {
                window.opener.form1.introduce.value=introduce.value;
                window.close();
            }
            else
```

```
13                {
14                    alert("父窗口不存在或者已关闭");
15                }
16            }
17    }
18    </script>
```

代码解释

下面对<head></head>标签对中的部分代码进行解释。

（1）第 04 行代码表示通过 Window 对象的 opener 属性引用打开编辑简介页面的窗口，并获取该窗口内页面文件“reg.html”中“简介”文本区域框的值，将其显示在编辑简介页面的文本区域框中。

（2）第 05～16 行代码是当单击“确定修改关闭本窗口”按钮触发 onclick 事件时要执行的代码，功能是判断打开编辑简介页面的窗口的状态。如果该窗口存在或没有关闭（见第 07 行代码），则将编辑简介页面内的“简介”文本区域框的值赋给该窗口内页面文件“reg.html”中的“简介”文本区域框（见第 09 行代码），并关闭编辑简介页面（见第 10 行代码），否则给出提示（见第 14 行代码）。

拓展实训

（1）使用 setTimeout()方法和 setInterval()方法实现窗口的状态栏中的文字从左向右循环滚动的效果，并在页面中放置一个“停止”按钮和一个“开始”按钮。在单击“停止”按钮后，文字停止滚动；在单击“开始”按钮后，文字恢复滚动。

（2）设计一个窗口打开后从小（尺寸为 50 像素×50 像素）慢慢变大（尺寸为 600 像素×600 像素）的效果。

多功能相册——文档对象

项目情境

设计一个多功能相册，具体需求如下。

①图 6.1 所示为相册的登录页面。在该页面中，用户输入正确的用户名和密码后，单击“登录看相册”按钮才能进入如图 6.2 所示的相册页面。如果在登录页面中勾选了“记住密码”复选框，则重新打开登录页面时，用户名、密码已经被填入文本框中，用户直接单击“登录看相册”按钮就可以进入如图 6.2 所示的相册页面。

②相册页面中的图片在一行中显示，当将鼠标指针放置到小图上时，会在下方显示对应的大图。当单击小图时，会弹出如图 6.3 所示的对话框，在该对话框中会显示该图的详细介绍。

③在如图 6.3 所示的对话框中，不仅会显示图片的详细介绍，还可以通过单击图片详细介绍下方的导航超链接浏览其他图片及其详细介绍。

图 6.1　登录页面

图 6.2　相册页面

图 6.3　详细介绍对话框

学习目标

- ➢ 掌握 Document（文档）对象的常用属性和方法。
- ➢ 掌握 Cookie 对象的使用方法。
- ➢ 掌握 Image（图像）对象的使用方法。
- ➢ 掌握 Link（链接）对象的使用方法和属性。
- ➢ 掌握用 JavaScript 设置样式的方法。
- ➢ 能够深入理解网页结构和内容。
- ➢ 培养用户体验和性能优化意识。

任务 1　用 JavaScript 设置属性和样式

提出任务

在窗口中显示 4 张大小比例相同的图片，每张图片都加上红色实线边框，并且 4 张图片在一行中显示，如图 6.4 所示，要求必须用 JavaScript 实现属性和样式的设置。

图 6.4　在窗口中显示 4 张图片

知识预备

1. Document（文档）对象

Document（文档）对象是 Window 对象的一个子对象，代表整个 HTML 文档。通过 Document 对象可以操作 HTML 文档中的内容及其他对象。Document 对象的属性如表 6.1 所示。

表 6.1　Document 对象的属性

属　　性	描　　述
all	返回对象所包含的元素集合的引用（IE 浏览器支持）
alinkColor	设置或获取元素中所有激活链接的颜色
bgColor	设置或获取文档的背景颜色
cookie	设置或获取 cookie 的字符串值
documentElement	获取对文档根节点的引用
domain	设置或获取文档的安全域名

续表

属　　性	描　　述
expand	设置或获取表明是否可以在对象内创建任意变量的值
fgColor	设置或获取文档的前景（文本）颜色
forms	返回一个数组，该数组中的元素为 Form 对象
images	返回一个数组，该数组中的元素为 Image 对象
linkColor	设置或获取对象文档链接的颜色
links	返回一个数组，该数组中的元素为 Link 对象
referrer	获取将用户引入当前页面的 URL
URL	设置或获取当前文档的 URL
vlinkColor	设置或获取已被访问过的超链接的颜色
XMLDocument	获取对由对象引出的 XML 文档对象模型（DOM）的引用
XSLDocument	获取对 XSL 文档的顶层节点的引用

其中，all 是 IE 浏览器提供支持的属性，该属性有一个方法 tags()，该方法的作用是返回指定的标签对象的集合。例如，要获取 HTML 文档中所有的<img>标签对象，方法如下：

```
document.all.tags("img")
```

上述代码的运行结果是一个数组，因此要想获取某个<img>标签，必须指定具体的数组元素。例如，要获取第一个<img>标签，方法如下：

```
document.all.tags("img")[0]
```

但是，由于 all 属性在非 IE 浏览器中不被支持，因此不建议使用上述方法，在后续项目中会介绍更好的方法。

Document 对象的方法如表 6.2 所示。

表 6.2　Document 对象的方法

方　　法	描　　述
close()	关闭输出流并强制将数据发送到显示屏上
open()	该方法以两种方式工作。一种方式是该方法打开一个文档，用于收集 write()和 writeln()方法的输出，在这种情况下，只使用前两个参数 url 和 name。如果指定了附加参数，则该方法将以另一种方式工作，即打开一个窗口，这与 Window 对象的 open()方法相同
write()	在指定窗口的文档中写入一个或多个 HTML 表达式
writeln()	在指定窗口的文档中写入一个或多个 HTML 表达式，后面追加一个换行符

需要注意的是，writeln()方法并不能使输出的内容在页面中换行。示例如下：

```
document.write("第一行");
document.writeln("第二行");
document.write("第三行");
```

在浏览器中查看页面的结果如下：

```
第一行第二行 第三行
```

可以看到在“第二行”和“第三行”之间并没有换行，而是多了一个空格。

需要注意的是，只有把内容输出到<pre></pre>标签对或<xmp></xmp>标签对中，才能真正在页面中换行。

2. Image（图像）对象

Document 对象的 images 属性返回的是一个数组，该数组中的每个元素都是一个 Image（图像）对象。

JavaScript 在加载 HTML 文档时会自动创建一个 images 数组，该数组中的元素个数由 HTML 文档中的<img>标签决定，每个<img>标签就是 images 数组中的一个元素，也就是一个 Image 对象。引用 images 数组中的元素的方法有以下 3 种：

```
document.images[i]
document.images[图片的名称]
document.图片的名称
```

例如，在 HTML 文档中只有一张图片，其名称是“myImg”，则可以通过以下 3 种方法引用该图片：

```
document.images[0]
document.images["myImg"]
document.myImg
```

3. 在 JavaScript 中设置对象的属性或样式

1）设置属性

通常，在 HTML 文档中，可以直接在一个标签的内部设置该标签的属性。示例如下：

```
<img src="1.jpg"/>
```

其中，src 是<img>标签的一个属性，但是，有时为了动态地改变某个标签的属性，可以借助 JavaScript 在程序内部设置，语法格式如下：

```
标签对象.属性=属性的值;
```

2）设置样式

在 HTML 文档中，通常使用 CSS 样式表设置样式，但是，有时也需要在 JavaScript 中进行动态的设置，语法格式如下：

```
标签对象.style.样式=样式的值;
```

其中，样式的书写方式原则上与 CSS 样式表的书写方式一致。但是，如果样式中有短横线“-”，则在 JavaScript 中省略该短横线，而采用“驼峰”法书写原则，原因是在 JavaScript 中短横线会被当作减号处理，从而导致错误。例如，CSS 样式表中设置字体大小用 font-size，而在 JavaScript 中则写为 fontSize。

任务分析

由于要对多张图片进行设置，因此考虑使用循环处理。为了方便处理，图片文件的名称使用有规律的名称，如 1.jpg、2.jpg、3.jpg 等。可以通过设置 Image 对象的 src 属性的值来确定图片的来源，可以通过设置 Image 对象的 style 属性的值来确定图片的样式。

任务实现

（1）创建页面文件“用 JavaScript 设置属性和样式.html”。

（2）在<body></body>标签对中创建一个项目列表 ul，在每个列表项 li 中放置一个空的<img>标签，代码如下：

```
<body>
<ul>
    <li><img/></li>
    <li><img/></li>
    <li><img/></li>
    <li><img/></li>
</ul>
</body>
```

（3）在<head></head>标签对中输入以下代码：

```
01  <script type="text/javascript">
02  window.onload=function()
03  {
04      var imgCount=document.images.length;
05      for(i=0;i<imgCount;i++)
06      {
07          document.images[i].src="images/"+(i+1)+".jpg";
08          document.images[i].style.height=75+"px";
09          document.images[i].style.width=105+"px";
10          document.images[i].style.border="1px red solid";
11      }
12      //IE 浏览器支持 all 属性
13      document.all.tags("ul")[0].style.listStyle="none";
14      var lists=document.all.tags("li");
15      for(i=0;i<lists.length;i++)
16      {
17          lists[i].style.display="inline";
18      }
19  }
20  </script>
```

代码解释

下面对<head></head>标签对中的部分代码进行解释。

（1）第 04 行代码表示获取 Document 对象的 images 属性的长度值，这个长度值就是<body></body>标签对中所有的<img>标签的个数，也就是 Image 对象的个数。

（2）第 05～11 行代码表示通过遍历文档中的 Image 对象为每个 Image 对象设置属性和样式。其中，第 07 行代码表示设置第 i 个 Image 对象的图片来源，第 08 行代码表示设置第 i

个 Image 对象的高度样式 height，第 09 行代码表示设置第 i 个 Image 对象的宽度样式 width，第 10 行代码表示设置第 i 个 Image 对象的边框样式 border。

（3）第 13 行代码表示设置项目列表 ul 的列表样式 listStyle，值为“none”表示去掉每个列表项前面的项目符号。其中，all 表示 Document 对象中的所有 HTML 标签对象；tags("ul")表示获取所有的<ul>标签，其结果是一个数组；tags("ul")[0]表示获取第一个<ul>标签。但是，all 属性只有在 IE 浏览器中才被支持。

（4）第 14 行代码表示获取所有的<li>标签。第 15～18 行代码表示通过遍历为每个列表项 li 设置 display 样式，值为“inline”表示所有的列表项 li 显示在一行中。

任务 2　用 cookie 记住样式

提出任务

在如图 6.5 所示的页面中，有两种样式可供选择，每种样式下图片的来源和外边框都不同。当用户选择了某种样式时，如选择了“样式一”，关闭浏览器后，重新打开该页面，该页面中的图片默认使用“样式一”。

图 6.5　用 cookie 记住样式

知识预备

1．cookie 的概念

cookie 是以文件的形式存储在客户端磁盘上的一些信息，这些信息用来保存状态或进行用户身份识别。为了安全，浏览器只会让创建 cookie 的网站访问该 cookie。用户可以通过设置浏览器配置来阻止 cookie 的使用。

2．创建与读取 cookie

在 JavaScript 中，可以通过设置 cookie 的名称和值的方式来创建 cookie。用 Document 对象的 cookie 属性就可以创建与读取 cookie。创建 cookie 的语法格式如下：

```
document.cookie="cookie 的名称=cookie 的值"
```

一个网站可以创建多个 cookie，不同的 cookie 可以拥有不同的值。例如，要将用户名和密码存储在 cookie 中，那么可以创建两个 cookie，一个用于存放用户名，另一个用于存放用户密码。示例如下：

```
document.cookie="username=张三";
document.cookie="password=123";
```

3. 获取 cookie 的值

使用 Document 对象的 cookie 属性可以获得一个网站中所有的 cookie，实际上是获取了 cookie 文件的内容。例如，如果创建了上面示例中的两个 cookie，则 document.cookie 的值如下：

```
username=张三; password=123    //注意，分号后面有一个空格
```

要想获取两个 cookie 的值——“张三”和“123”，显然需要利用 String 对象的一些方法。例如，就本例而言，可以用 split()方法按分号“;”将获取的 cookie 值拆分为两部分，如“username=张三”和“password=123”，再对每个部分继续用 split()方法按等号“=”拆分为两部分，取后面一个元素即可。示例如下：

```
document.cookie="username=张三";
document.cookie="password=123";
var cookies=document.cookie;
var c=cookies.split(";");
var cookieVal1=c[0].split("=")[1];
var cookieVal2=c[1].split("=")[1];
```

但是，这种方法并不通用，在特殊情况下并不能正确获取 cookie 的值。例如，当 cookie 的值中含有分号、等号等符号时就不能使用上述方法。下面介绍一种通用的获取 cookie 值的方法，如要获取 cookie 的值“张三”，具体步骤如下。

（1）获取 cookie 文件的内容，其结果是一个字符串，代码如下：

```
var cookies=document.cookie;   //值为"username=张三; password=123"
```

（2）获取 cookie 的名称在字符串中的开始位置，代码如下：

```
var cookiePos=document.indexOf("username");  //值为 0
```

（3）计算 cookie 的值在字符串中的开始位置，方法是计算 cookie 的名称在字符串中的开始位置 cookiePos 的值加上 cookie 的名称“username”的长度值，再加上等号“=”所占的 1 位长度值后的值，代码如下：

```
var cookieValStart=cookiePos + "username".length + 1;     //值为 9
```

（4）计算 cookie 的值在字符串中的结束位置，方法是计算从 cookie 的值在字符串中的开始位置起的第一个分号“;”所在的位置，代码如下：

```
var cookieValEnd=cookies.indexOf(";",cookieValStart);    //值为11
```

需要注意的是，由于最后一个 cookie 的值的后面没有分号“;”，因此此时 cookie 的值在字符串中的结束位置 cookieValEnd 的值就是 cookie 文件内容的长度值，即 cookies.length 的值。

（5）通过 cookie 的值在字符串中的开始位置和结束位置就可以得到 cookie 的值了，代码如下：

```
var cookieVal=cookies.substring(cookieValStart,cookieValEnd);//值为“张三”
```

4．cookie 的有效期

cookie 被创建后，一般来说，只要浏览器不被关闭，cookie 就会一直有效，一旦浏览器被关闭，cookie 就会自动失效。如果希望在关闭浏览器后 cookie 能继续使用，就必须为 cookie 设置一个有效期，也就是生存期。在有效期内，cookie 都可以使用，一旦超过设置的有效期，该 cookie 会自动失效，cookie 文件就会被自动删除。可以在创建 cookie 的同时设置 cookie 的有效期，语法格式如下：

```
document.cookie="cookie的名称=cookie的值"; expires=日期
```

注意，其中的“日期”必须是 GMT 格式或 UTC 格式的日期型字符串。GMT（Greenwich Mean Time）指格林尼治时间，UTC（Universal Time Coordinated）指协调世界时间。“日期”的值的格式如下：

```
Tue, 20 May 2014 10:46:08 GMT
```

由于这种格式使用不方便，因此可以使用 toGMTString()方法或 toUTCString()方法对日期进行转换。

一般来说，cookie 的有效期都先设置为从当前时间开始向后延续的毫秒数，再将这个毫秒数转换为 GMT 格式或 UTC 格式的日期型字符串。

5．cookie 的可访问路径

cookie 被某个页面创建后，并不是只有这个页面才能访问，与该页面处在同一个目录或其子目录下的页面都可以访问该 cookie，除此之外的其他目录下的页面就无法访问该 cookie 了。一个使网站中的所有页面都能访问该 cookie 的方法是，在创建 cookie 的同时设置其 path 参数的值为根目录“/”。

任务分析

记住样式就是将选择的样式信息保存到 cookie 中，在下次打开页面时，从 cookie 中读取样式信息即可。由于需要在浏览器被关闭后仍然将样式信息保存在 cookie 中，因此需要设置 cookie 的有效期。

任务实现

（1）创建一个页面文件“用 cookie 记住样式.html”。

（2）在<body></body>标签对中创建两个单选按钮和一个<img>标签，代码如下：

```
<body>
<input type="radio" name="radio" id="style1"/>样式一
<input type="radio" name="radio" id="style2"/>样式二
<br/>
<img id="sampleImage"/>
</body>
```

（3）在<head></head>标签对中输入以下代码：

```
<script type="text/javascript">
window.onload=function()
{
    var expires=new Date();
    expires.setTime(expires.getTime() + 24*3600000);
    style1.onclick=function()
    {
        sampleImage.src="images/1.jpg";
        sampleImage.style.border="4px red solid";
        document.cookie="style=1;expires="+expires.toUTCString()+
";path=/";
    }
    style2.onclick=function()
    {
        sampleImage.src="images/2.jpg";
        sampleImage.style.border="4px blue solid";
        document.cookie="style=2;expires="+expires.toUTCString()+
";path=/";
    }
    var cookie=document.cookie.split("=")[1];
    if(cookie=="1")
    {
        sampleImage.src="images/1.jpg";
        sampleImage.style.border="4px red solid";
        style1.checked=true;
    }
    else
    {
        sampleImage.src="images/2.jpg";
        sampleImage.style.border="4px blue solid";
        style2.checked=true;
    }
}
</script>
```

代码解释

下面对<head></head>标签对中的部分代码进行解释。

（1）第 04 行代码表示创建一个日期对象 expires，第 05 行代码表示设置 expires 的时间为当前时间增加 24 小时，单位是毫秒。

（2）第 06～12 行代码是当选中“样式一”单选按钮触发 onclick 事件时要执行的代码。第 08 行代码表示设置 id 为“sampleImage”的<img>标签的图片来源，第 09 行代码表示设置图片的边框样式。第 10 行和第 11 行代码表示设置文档的 cookie 属性，在 cookie 属性的值中，“style=1”表示设置 cookie 的名称是 style，值为 1；“expires”表示 cookie 的有效期，“expires.toUTCString()”表示有效期的值，将变量 expires 的值转换为协调世界时间，其中变量 expires 的值由第 04 行和第 05 行代码设置，也就是将 cookie 保存 24 小时不失效；“path=/”表示设置 cookie 的访问路径为根目录，这样整个网站中的所有页面都可以访问这个 cookie。设置了 cookie 的值就“记住”了用户的选择值，设置了 cookie 的有效期就能够长时间保存这些选择值。

（3）第 13～19 行代码是当选中“样式二”单选按钮触发 onclick 事件时要执行的代码。执行过程与选中“样式一”单选按钮触发 onclick 事件时的执行过程相同。

（4）第 20 行代码表示解析 cookie 的值，其中“document.cookie”表示获取本页面中创建的 cookie。因为 cookie 的值是“style=1”或“style=2”，所以可以用 split()方法按照等号“=”进行分割，取结果数组中下标为 1 的元素就可以得到“1”或“2”。第 21～32 行代码表示根据获取的值是“1”或“2”来设置 id 为“sampleImage”的<img>标签的图片来源及边框样式。这样，当用户打开该页面时，就可以根据用户以前选择的样式设置当前页面中 id 为“sampleImage”的<img>标签的图片的样式。

任务 3　找出所有超链接地址

提出任务

在如图 6.6 所示的页面中有一些超链接，单击“显示链接地址”按钮，在该页面中会显示页面中已有的所有超链接的内容和链接到的页面地址。

图 6.6　找出所有超链接地址

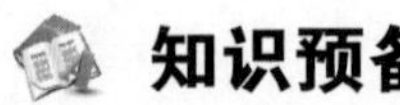

知识预备

1. Link（链接）对象

Document 对象的 links 属性可以返回一个数组，该数组中的每个元素都是一个 Link（链接）对象。可以使用以下方法来引用 links 数组中的元素：

```
document.links[i]
```

2. Link 对象的属性

Link 对象的属性如表 6.3 所示。

表 6.3　Link 对象的属性

属　性	描　述
hash	设置或返回从“#”符号开始的 URL（锚）
host	设置或返回主机名和当前 URL 的端口号
hostname	设置或返回当前 URL 的主机名
href	设置或返回完整的 URL
pathname	设置或返回当前 URL 的路径部分
port	设置或返回当前 URL 的端口号
protocol	设置或返回当前 URL 的协议
search	设置或返回从“?”符号开始的 URL（查询部分）
target	设置或返回超链接打开的目标窗口
innerHTML	返回 Link 对象中的超链接文字，也可以使用 text 属性（Netscape 浏览器支持）或 innerText 属性（IE 浏览器支持）

任务分析

本任务可以使用循环语句遍历页面中的 Link 对象，获取其 href 属性的值。

任务实现

（1）创建一个页面文件“找出所有超链接地址.html”。

（2）在<body></body>标签对中创建一些超链接、一个按钮和一个用于显示结果的 DIV 对象，代码如下：

```
<body>
<a href="http://www.baidu.com">百度</a>
<a href="http://www.google.com">Google</a>
<a href="http://www.yahoo.com">雅虎</a>
<a href="http://www.taobao.com">淘宝</a>
<input type="button" value="显示链接地址" id="showBtn"/>
<div id="allLinksDiv"></div>
</body>
```

（3）在<head></head>标签对中输入以下代码：

```
01    <script type="text/javascript">
02    window.onload=function()
03    {
04        showBtn.onclick=function()
05        {
06            allLinksDiv.innerHTML="";
07            for(i=0;i<document.links.length;i++)
08            {
09                var thisLink=document.links[i];
10                allLinksDiv.innerHTML += thisLink.innerHTML + ": " + thisLink.
11    href + "<br/>";
12            }
13        }
14    }
15    </script>
```

代码解释

下面对<head></head>标签对中的部分代码进行解释。

（1）第 04～13 行代码是当单击“显示链接地址”按钮触发 onclick 事件时要执行的代码。第 06 行代码表示初始化 DIV 对象中的显示内容。第 07～12 行代码表示遍历页面中所有的 Link 对象，将其内容和超链接地址连接起来后显示到 DIV 对象中。

（2）第 07 行代码中的“document.links.length”表示页面中超链接的个数。其中，“links”是 Document 对象的一个属性，它的结果是一个数组，该数组中的每个元素都是一个 Link 对象。例如，第 09 行代码表示获取第 i 个 Link 对象。

（3）第 10 行和第 11 行代码表示获取第 i 个 Link 对象 links[i]的内容 innerHTML 和超链接地址 href，并将它们连接起来显示到 DIV 对象中。

任务 4 “项目 6”的实现

知识预备

cookie 值的编码和解码：在一般情况下，cookie 中是不允许出现空格、分号、逗号等特殊符号的，如果需要将这些符号写入 cookie，就必须使用 escape()函数对 cookie 的值进行编码，在读取 cookie 时再用 unescape()函数对 cookie 的值进行解码，以便还原 cookie 的值。

escape(charString)函数（其中 charString 是要编码的字符串）返回一个包含 charString 内容的字符串值（Unicode 格式）。所有空格、标点符号、重音符号及其他非 ASCII 字符都用“%xx”编码代替，其中“xx”是字符对应的十六进制数。例如，空格返回的是“%20”。字符值大于

255 的字符以“%uxxxx”格式存储。注意，escape()函数不能用来对统一资源标识符（URI）进行编码，对其进行编码应使用 encodeURI()函数。

unescape(charString)函数（其中 charString 是要解码的字符串）返回一个包含 charString 内容的字符串值。所有以“%xx”格式编码的字符都用 ASCII 字符集中等价的字符代替。以“%uxxxx”格式（Unicode 字符）编码的字符用十六进制编码“xxxx”对应的 Unicode 字符代替。注意，unescape()函数不能用来对统一资源标识符（URI）进行解码，对其进行解码应使用 decodeURI()函数。

项目分析

（1）在本项目中需要建立 3 个页面，分别为登录页面（login.html）、相册页面（photo.html）、详细介绍页面（detail.html）。

（2）在登录页面（login.html）中，记住密码的功能可以通过使用 cookie 保存用户输入的用户名和密码来实现。

（3）在相册页面（photo.html）中，要导入多张图片，并设置显示格式，以及单击图片触发相关事件，可以考虑使用 Image 对象的属性、样式和事件实现。单击某张图片弹出对话框并显示该图片的详细介绍，可以通过 Window 对象的模态窗口技术实现。

（4）在详细介绍页面（detail.html）中，导航功能可以通过 Link 对象的属性和事件来实现。

（5）考虑到代码的模块化和可重用性，本项目中将设置和读取 cookie 的功能独立为一个函数，并放置在一个单独的文件“func.js”中。

项目实现

1. 创建通用的 JS 文件

（1）创建设置和读取 cookie 的文件“func.js”。

（2）在“func.js”文件中创建一个设置 cookie 的函数 setCookie()和一个读取 cookie 的函数 getCookie()，代码如下：

```
function setCookie(cookieName,value,hours,path)
{
    var expires=new Date();
    expires.setTime(expires.getTime() + hours * 3600000);
    document.cookie=cookieName + "=" + escape(value) + "; expires = " +
expires.toUTCString()+";path="+path;
}

function getCookie(cookieName)
{
    var allCookies=document.cookie;
```

```
12        var startPos=allCookies.indexOf(cookieName);
13        var cookieValStartPos=startPos+cookieName.length+1;
14        var cookieValEndPos=allCookies.indexOf(";",startPos);
15        if(cookieValEndPos==-1)
16        {
17            cookieValEndPos=allCookies.length+1;
18        }
19        var cookieValue = allCookies.substring(cookieValStartPos,
20    cookieValEndPos);
21        return unescape(cookieValue);
22    }
```

代码解释

（1）第 01～07 行代码表示定义一个函数 setCookie()，该函数用于设置 cookie，其中，各个参数的含义如下。

- cookieName：cookie 的名称。
- value：cookie 的值。
- hours：cookie 的有效期，从当前时间开始延续的小时数。
- path：cookie 的访问路径。

（2）第 03 行代码表示创建一个日期对象，第 04 行代码表示设置该日期对象的时间为从当前时间开始加上延续的毫秒数。

（3）第 05 行和第 06 行代码表示设置 cookie。其中，cookie 的值 value 使用 escape()函数进行编码，目的是防止 cookie 的值中出现空格、分号、逗号等特殊符号。

（4）第 09～22 行代码表示定义一个函数 getCookie()，该函数用于读取 cookie 的值。其中，参数 cookieName 表示 cookie 的名称。第 15～18 行代码表示获取最后一个 cookie 的值的结束位置。最后一个 cookie 的值的后面没有分号，因此其结束位置是 cookie 文件字符串长度加 1。由于在设置 cookie 的值时用 escape()函数进行了编码，所以第 21 行代码在返回得到的 cookie 的值时需要使用 unescape()函数进行解码，以便还原 cookie 的值。该函数中其他部分代码实现的原理与本项目的任务 3 阐述的原理相同。

2. 建立登录页面

（1）创建登录页面文件“login.html”。

（2）在<body></body>标签对中建立一个表单，表单元素为两个文本框、一个复选框和一个按钮，代码如下：

```
<body>
<form id="form1" name="form1" method="post" action="">
用户名：<input type="text" id="nameText"/><br/>
密　码：<input type="text" id="pswText"/><br/>
```

```
<input type="checkbox" id="saveCookie"/>记住密码<br/>
<input type="button" id="submitBtn" value="登录看相册"/>
</form>
</body>
```

（3）在<head></head>标签对中输入以下代码：

```
01  <script type="text/javascript" src="func.js"></script>
02  <script type="text/javascript">
03  window.onload=function()
04  {
05      form1.nameText.value=getCookie("username");
06      form1.pswText.value=getCookie("password");
07      form1.submitBtn.onclick=function()
08      {
09          if(form1.nameText.value=="abc" && form1.pswText.value=="123")
10          {
11              window.location.replace("photo.html");
12          }
13          else
14          {
15              alert("用户名或密码错误！");
16          }
17          if(form1.saveCookie.checked)
18          {
19              setCookie("username",form1.nameText.value,24,"/");
20              setCookie("password",form1.pswText.value,24,"/");
21          }
22      }
23  }
24  </script>
```

代码解释

下面对<head></head>标签对中的部分代码进行解释。

（1）第 01 行代码表示在当前页面中引用“func.js”文件，以便调用该文件中定义的设置和读取 cookie 的函数。

（2）第 05 行和 06 行代码表示在页面被加载后，分别在表单的两个文本框中显示 cookie 中存储的用户名和密码。用户名和密码是通过调用自定义函数 getCookie()得到的。

（3）第 07～22 行代码是当单击“登录看相册”按钮触发 onclick 事件时要执行的代码。其中，第 09～16 行代码用于判断用户名和密码的正确性，如果正确（假定用户名为“abc”，密码为“123”），就进入相册页面（photo.html），否则提示错误信息。第 17～21 行代码表示如果复选框被勾选（见第 17 行代码），就调用自定义函数 setCookie()设置两个 cookie，并将表单中填写的用户名和密码分别保存在一个 cookie 中，同时设置两个 cookie 的有效期均为 24

小时，设置两个 cookie 的访问路径均为根目录（见第 19 行和第 20 行代码）。

3．建立相册页面

（1）创建相册页面文件“photo.html”。

（2）在<body></body>标签对中建立一个可以返回登录页面的超链接；一个项目列表，在每个列表项中创建一个空的<img>标签；一个含有空的<img>标签的 DIV 对象，用来显示大图。代码如下：

```
<body>
<a href="login.html">返回登录页</a>
<ul>
    <li><img/></li>
    <li><img/></li>
    <li><img/></li>
    <li><img/></li>
</ul>
<div><img/></div>
</body>
```

（3）在<head></head>标签对中输入以下代码：

```
<script type="text/javascript">
window.onload=function()
{
    var imgCount=document.images.length;
    var divImg=document.images[imgCount-1];
    divImg.style.display="none";
    for(i=0;i<imgCount-1;i++)
    {
        document.images[i].src="../images/"+(i+1)+".jpg";
        document.images[i].style.height=75+"px";
        document.images[i].style.width=105+"px";
    }
    //IE 浏览器支持 all 属性
    document.all.tags("ul")[0].style.listStyle="none";
    var lists=document.all.tags("li");
    for(i=0;i<lists.length;i++)
    {
        lists[i].style.display="inline";
        document.images[i].onmouseover=function()
        {
            this.style.cursor="pointer";
            divImg.style.display="block";
            divImg.src=this.src;
        }
        document.images[i].onmouseout=function()
        {
            divImg.style.display="none";
```

```
28              }
29              document.images[i].index=i+1;
30              document.images[i].onclick=function()
31              {
32                  window.showModalDialog("detail.html",this.index,
33      "dialogHeight:340px;dialogWidth:350px");
34              }
35          }
36      }
37      </script>
```

代码解释

下面对<head></head>标签对中的部分代码进行解释。

（1）第 04 行代码表示获取页面中所有<img>标签的个数。第 05 行代码表示获取用于显示大图的 DIV 对象中的 Image 对象。第 06 行代码表示设置 Image 对象的 display 样式为“none”，将该对象隐藏起来。

（2）第 07～12 行代码表示通过遍历列表项中的所有 Image 对象，为每个 Image 对象设置图片来源、高度和宽度等样式。

（3）第 14 行代码表示设置项目列表的样式，去掉列表项前面的项目符号。

（4）第 15 行代码表示获取所有的列表项。

（5）第 16～35 行代码表示遍历每个列表项，对每个列表项中的 Image 对象添加当触发鼠标事件时要执行的代码。

（6）第 18 行代码表示通过设置列表项的 display 样式为“inline”，将列表项显示在一行中。

（7）第 19～24 行代码是当将鼠标指针放置在每个 Image 对象上时要执行的代码。在第 21 行代码中，“this”代表当前所触发的 Image 对象，通过设置其 cursor 样式为“pointer”使此时的鼠标指针变为小手状。第 22 行代码表示设置 DIV 对象中的 Image 对象的 display 样式为“block”，使其状态由之前的隐藏变为显示。第 23 行代码表示将当前触发的 Image 对象的图片来源赋给 DIV 对象中的 Image 对象的图片来源，使其在该 DIV 对象中同步显示该图片的大图。

（8）第 25～28 行代码是当鼠标指针离开每个 Image 对象时要执行的代码。第 27 行代码表示隐藏 DIV 对象中的 Image 对象。

（9）第 29 行代码表示为每个 Image 对象添加一个 index 属性，属性值为该 Image 对象所在的数组元素下标加 1。这样做是为单击某个图片后弹出该图片的详细介绍对话框时传递参数做准备。

（10）第 30～34 行代码是当每个 Image 对象触发 onclick 事件时要执行的代码。第 32～33 行代码表示弹出一个模态窗口，该模态窗口中显示的内容为详细介绍页面“detail.html”，该页面将显示当前被单击的那张图片的详细介绍。因为需要通知“detail.html”页面显示哪张图片，所以要传递一个参数“this.index”，其中的“this”代表当前被单击的 Image 对象，“index”是其属性，属性值已经在第 29 行代码中定义。

4．建立详细介绍页面

（1）创建详细介绍页面文件“detail.html”。

（2）在<body></body>标签对中建立一个含有空的<img>标签的 DIV 对象，用来显示当前要显示的图片；一个空的 DIV 对象，用来显示介绍图片的文字信息；4 个链接地址为空的超链接，用来导航图片。代码如下：

```
<body>
<div><img/></div>
<div id="detailDiv"></div>
<a href="#">首页</a>---<a href="#">上一页</a>---<a href="#">
下一页</a>---<a href="#">末页</a>
</body>
```

（3）在<head></head>标签对中输入以下代码：

```
<script type="text/javascript">
window.onload=function()
{
    function showImg(index)
    {
        document.images[0].src="../images/"+index+".jpg";
        detailDiv.innerHTML="这是第"+index+"张图片的详细介绍";
    }
    var index=window.dialogArguments;
    showImg(index);
    document.links[0].onclick=function()
    {
        index=1;
        showImg(index);
    }
    document.links[1].onclick=function()
    {
        if(index==1)
        {
            alert("已经是第一页");
        }
        else
        {
            index--;
            showImg(index);
        }
    }
    document.links[2].onclick=function()
```

```
29          {
30              if(index==4)
31              {
32                  alert("已经是最后一页");
33              }
34              else
35              {
36                  index++;
37                  showImg(index);
38              }
39          }
40          document.links[3].onclick=function()
41          {
42              index=4;
43              showImg(index);
44          }
45      }
46      </script>
```

代码解释

下面对<head></head>标签对中的部分代码进行解释。

（1）第 04～08 行代码表示定义一个函数 showImg()，该函数用于定义<img>标签中显示的图片的来源，以及 DIV 对象中显示的介绍图片的文字信息；该函数的参数 index 与图片文件的主文件名一致。

（2）第 09 行代码表示获取在相册页面（photo.html）中通过模态窗口的方式打开某张图片的详细介绍对话框时所传递的参数，也就是图片的序号，这个序号与图片文件的主文件名一致。第 10 行代码表示调用自定义函数 showImg()显示第 index 张图片。

（3）第 11～15 行代码是当单击页面中的第一个超链接（即“首页”超链接）时要执行的代码。因为首页需要显示第一张图片，所以第 13 行代码表示设置变量 index 的值为 1，第 14 行代码表示调用自定义函数 showImg()，并传入参数 index，以便显示图片“1.jpg”及该图片的详细介绍。

（4）第 16～27 行代码是当单击页面中第二个超链接（即“上一页”超链接）时要执行的代码。如果当前显示的图片是第一张图片，则单击该超链接不会显示上一页，因此对这种情况会给出提示（见第 18～21 行代码），否则将当前的图片序号 index 减 1，并调用自定义函数 showImg()显示第 index 张图片。

（5）“下一页”超链接的原理与“上一页”超链接的原理相同，“末页”超链接的原理与“首页”超链接的原理相同，这里不再赘述。

拓展实训

模拟网页开灯和关灯效果，并记忆所设置的效果。在页面中有一个“关灯”按钮，单击该按钮，页面的背景色变为黑色，页面中文字的颜色变为白色，同时按钮上面的文字变为“开灯”，如图 6.7 所示；如果此时单击“开灯”按钮，则页面的背景色变为白色，页面中文字的颜色变为黑色，同时按钮上面的文字变为“关灯”。页面中还有一个“记住我的选择”复选框，如果勾选该复选框，则关闭浏览器后再次打开该页面，页面的灯光效果、页面中文字的状态及按钮上的文字都与最近的设置相同。（提示：使用 Document 对象的 bgColor 属性和 fgColor 属性来实现。）

图 6.7　模拟网页开灯和关灯效果

商品列表——DOM 对象

项目情境

图 7.1 所示的页面中展示了一个服装商品的列表，该列表的效果及功能如下。

（1）表格行的背景色采用红灰隔行变色显示，当鼠标指针悬停在某一行上时，该行的背景色变为黄色；当鼠标指针离开该行时，该行的背景色还原为原来的颜色。

（2）当鼠标指针悬停在服装图片上时，跟随鼠标指针显示该款服装的大图，并且以提示信息的方式显示该款服装目前的销量；当鼠标指针离开服装图片时，服装大图消失。

（3）当单击“按照销量排序”按钮时，列表中的行将按照服装销量进行升序排序；当再次单击该按钮时，列表中的行将按照服装销量进行降序排序，但是每行中的序号不变。

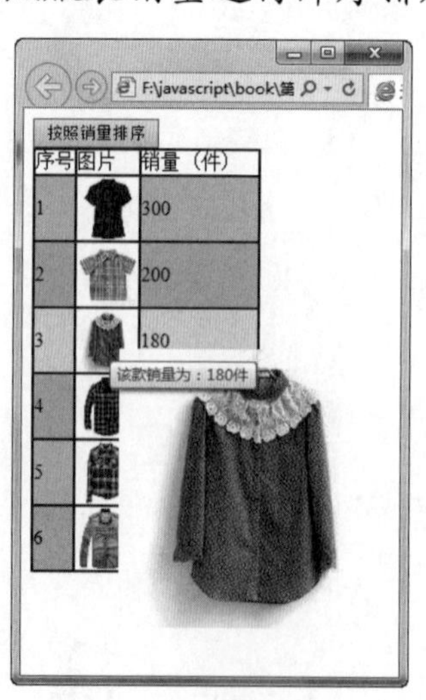

图 7.1　商品列表页面

学习目标

- 掌握利用 DOM 获取节点的方法。
- 掌握利用 DOM 操作节点的方法。
- 掌握利用 DOM 获取和设置节点样式的方法。
- 掌握利用 DOM 操作表格的方法。
- 能够熟练应用 DOM 操作实现动态网页效果。
- 培养对网页结构和内容的深入理解的能力。
- 培养用户体验和性能优化意识。

任务 1 评论管理

提出任务

图 7.2 所示的页面中有一个文本区域框，用户在其中输入评论文字，单击“发表评论”按钮，输入的评论文字会以列表的形式显示在按钮下面，并自动添加发表日期和“删除”超链接，而且后发表的评论文字会排在评论列表的上部。单击某条评论文字行后面的“删除”超链接，该条评论文字会被删除。当鼠标指针悬停在某个评论行上时，该评论行的背景色变为黄色；当鼠标指针离开该评论行时，该评论行的背景色还原为白色。

图 7.2 评论管理页面

知识预备

1．DOM 对象

文档对象模型（Document Object Model，DOM）是 W3C 国际组织的一套 Web 标准。它定义了访问 HTML 文档对象的一套属性、方法和事件。DOM 是以层次结构组织的节点或信息片段的集合，它是给 HTML 与 XML 文件使用的一组 API。DOM 的本质是建立网页与脚本语言或程序语言沟通的“桥梁”。

DOM 对象是一个分层的结构，我们可以把一个网页文档看作一棵倒立的树，如下面的网页文档：

```
<html>
    <head>
    <title>列表</title>
    </head>
    <body>
        <p>以下是列表</p>
        <ul id="ul1">
            <li title="one">1</li>
            <li title="two">2</li>
            <li title="three">3</li>
        </ul>
    </body>
</html>
```

上述网页文档可以用如图 7.3 所示的文档模型来表示。可以看到，这个模型类似于一棵倒立的树。

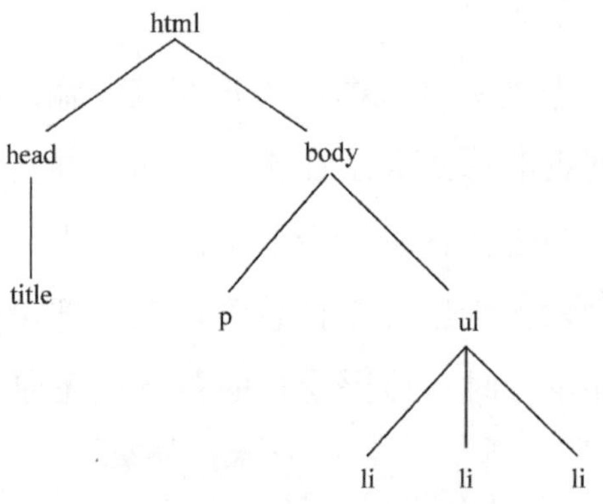

图 7.3　文档模型

在图 7.3 所示的文档树形结构中，有一个根元素 html，它代表的是整个文档。html 元素下面包含了两个子元素 head 和 body，这两个子元素同属于一个父亲元素 html，但它们之间并不相互包含，它们是兄弟关系。head 元素下面包含了一个子元素 title。body 元素下面包含了两个子元素 p 和 ul，这两个子元素同属于一个父亲元素 body，并且它们之间不相互包含，它们是兄弟关系。ul 元素下面包含了 3 个子元素 li，这 3 个子元素 li 之间也是兄弟关系。

通常，人们把这些元素称为节点，所以这棵“树”称为节点树。DOM 对象就是一棵由类似这些节点组成的节点树。

2. 节点类型

在 DOM 中，常用的节点类型有 3 个，分别是元素节点（Element Node）、属性节点（Attribute Node）和文本节点（Text Node）。另外，还有注释节点（Comments Node）和文档节点（Document

Node）。

可以通过节点的 nodeType 属性的值来判断节点的类型。节点类型及对应的 nodeType 属性值如表 7.1 所示。

表 7.1 节点类型及对应的 nodeType 属性值

节 点 类 型	对应的 nodeType 属性值
元素节点	1
属性节点	2
文本节点	3
注释节点	8
文档节点	9

1）元素节点

在前面的网页文档中，<body>、<p>、<ul>等标签元素都是元素节点。元素节点可以包含其他元素，如<ul>节点包含了 3 个<li>节点。

2）属性节点

有些元素节点中会含有属性，这些属性就是属性节点。因为属性总被放在元素节点的起始标签中，所以属性节点总被包含在元素节点中。例如，在前面的网页文档中，<li>节点是一个元素节点，其中含有属性 title，如 title="one"就是一个属性节点。

3）文本节点

在前面的网页文档中，元素节点<p>中包含了文字“以下是列表”，这段文字就是一个文本节点。一般来说，在 XHTML 文档中，文本节点总被包含在元素节点起始标签和结束标签之间。但是在 IE 9.0 及以上版本的浏览器、Firefox 浏览器中，会把两个元素节点之间的空格或换行也当作一个文本节点。例如，在前面的网页文档中，<ul>节点下的子节点在这些浏览器中识别的个数不是 3，而是 7。

3. 获取元素节点

1）getElementById()方法

getElementById()方法可以返回对拥有指定 ID 的第一个对象的引用，语法格式如下：

```
document.getElementById("对象的 id 属性值")
```

例如，在前面的网页文档的第 07 行代码中有一个元素节点<ul>，其 id 为“ul1”，如果要引用该元素节点，则可以使用以下代码：

```
document.getElementById("ul1")
```

2）getElementsByName()方法

getElementsByName()方法可以返回一个对象数组，其中每个对象对应文档中有给定名称的一个元素，语法格式如下：

```
document.getElementsByName("对象的 name 属性值")
```

需要注意的是，方法名中的“Element”的后面不要缺少“s”。该方法与 getElementById()方法相似，但它查询的是元素的 name 属性，而不是 id 属性。

另外，因为一个文档中的 name 属性可能不唯一（如 HTML 表单中的单选按钮通常具有相同的 name 属性），所以 getElementsByName()方法返回的是元素的数组，而不是一个元素。

例如，下面的网页文档中有 3 个文本框标签<input>，它们有着相同的 name 属性，属性值均为 myInput。

```
<html>
    <head>
    <title></title>
    </head>
    <body>
        <input name="myInput" type="text"/><br />
        <input name="myInput" type="text"/><br />
        <input name="myInput" type="text"/><br />
    </body>
</html>
```

如果要引用上述网页文档中的<input>标签，则可以使用以下代码：

```
document.getElementsByName("myInput")
```

此时得到的是一个数组，如果要引用第一个<input>标签，则可以使用以下代码：

```
document.getElementsByName("myInput")[0]
```

很多时候，需要遍历通过 getElementsByName()方法获取的数组元素，从而改变这些元素的属性或为这些元素添加相同的事件。例如，要实现的效果是：当鼠标指针悬停在文本框上或光标落入一个文本框时，该文本框的背景色变为黄色；当鼠标指针离开该文本框时，该文本框的背景色还原为原来的颜色。

【实例 7.1】getElementsByName()方法的应用。

```
<script type="text/javascript">
window.onload=function()
{
    var inputs=document.getElementsByName("myInput");
    for(i=0;i<inputs.length;i++)
    {
        inputs[i].onmouseover=function()
        {
            this.style.backgroundColor="yellow";
        }
        inputs[i].onmouseout=function()
        {
            this.style.backgroundColor="";
        }
    }
}
</script>
```

第 04 行代码表示通过使用 getElementsByName()方法获取页面中所有名为“myInput”的文本框，并保存在数组变量 inputs 中。第 05～15 行代码表示通过 for 循环遍历 inputs 中的数组对象，也就是每个文本框，并为每个文本框添加一个 onmouseover 事件和一个 onmouseout 事件，在事件触发的函数中改变该文本框的背景色样式。

3）getElementsByTagName()方法

getElementsByTagName()方法可以返回一个对象数组，其中每个对象分别对应文档中一个有给定标签的元素，语法格式如下：

```
document.getElementsByTagName("对象的标签名称")
```

需要注意的是，方法名中的“Element”的后面不要缺少“s”。

例如，要引用前面的网页文档中的 3 个<input>标签，可以使用以下代码：

```
document.getElementsByTagName("input")
```

此时得到的是一个数组，如果要引用第一个<input>标签，则可以使用以下代码：

```
document.getElementsByTagName("input")[0]
```

该方法与 getElementsByName()方法类似，遍历获取到的元素的基本思想与实例 7.1 的基本思想相同，这里不再举例。

4．获取元素节点的子节点

1）childNodes 属性

childNodes 属性可以返回被选节点的子节点集合，语法格式如下：

```
元素节点.childNodes
```

需要注意的是，由于 IE 9.0 及以上版本的浏览器、Firefox 浏览器将一个元素节点下的空文本节点也当作一个子节点，因此在这些浏览器中，这些空文本节点都将被包含在 childNodes 属性返回的集合中。

例如，下面的网页文档内的 JavaScript 代码在 IE 9.0 及以上版本的浏览器、Firefox 浏览器中执行后，弹出的对话框中的值是 9 而不是 4。

```
<html>
<head>
<script>
window.onload=function()
{
    var ul=document.getElementById("ul1");
    alert(ul.childNodes.length);
}
</script>
</head>
<body>
    <ul id="ul1">
```

```
            <li>1</li>
            <li>2</li>
            <li>3</li>
            <li>4</li>
        </ul>
    </body>
    </html>
```

因此，如果要获取第一个<li>标签，则应该使用 ul.childNodes[1]，而不应该使用 ul.childNodes[0]。

2）children 属性

children 属性可以返回被选节点的子节点集合，语法格式如下：

```
元素节点.children
```

与 childNodes 属性不同的是，在 IE 9.0 及以上版本的浏览器、Firefox 浏览器中，children 属性将忽略空文本节点，不把空文本节点包含在 children 属性返回的集合中。

例如，上述网页文档内的 JavaScript 代码在 IE 9.0 及以上版本的浏览器、Firefox 浏览器中执行后，弹出的对话框中的值是 4。当然，如果要获取第一个<li>标签，则应该使用以下代码：

```
ul.children[0]
```

5. 获取元素节点的父节点

parentNode 属性可以返回被选节点的父节点，语法格式如下：

```
元素节点.parentNode
```

例如，下面的网页文档内的 JavaScript 代码在 IE 9.0 及以上版本的浏览器、Firefox 浏览器中执行后，弹出的对话框中的值是“UL”。其中，第 07 行代码中的“tagName”表示获取一个元素节点的标签名称。

```
01    <html>
02    <head>
03    <script>
04    window.onload=function()
05    {
06        var oLi=document.getElementsByTagName("li")[0];
07        alert(oLi.parentNode.tagName);
08    }
09    </script>
10    </head>
11    <body>
12        <ul id="ul1">
13            <li>1</li>
14            <li>2</li>
15            <li>3</li>
16            <li>4</li>
17        </ul>
```

```
</body>
</html>
```

6. 获取首尾子节点

1）firstChild 属性和 lastChild 属性

firstChild 属性可以返回被选节点的第一个子节点，语法格式如下：

```
元素节点.firstChild
```

lastChild 属性可以返回被选节点的最后一个子节点，语法格式如下：

```
元素节点.lastChild
```

但是因为这两个属性在 IE 9.0 及以上版本的浏览器、Firefox 浏览器中也会遇到将空文本节点当作一个子节点的问题，所以在使用时需要注意。

2）firstElementChild 属性和 lastElementChild 属性

firstElementChild 属性可以返回被选节点的第一个子节点，语法格式如下：

```
元素节点.firstElementChild
```

lastElementChild 属性可以返回被选节点的最后一个子节点，语法格式如下：

```
元素节点.lastElementChild
```

但是这两个属性只在 IE 9.0 及以上版本的浏览器、Firefox 浏览器中使用，IE 9.0 之前版本的浏览器不支持这两个属性。与 firstChild 属性和 lastChild 属性不同的是，这两个属性将忽略空文本节点。

7. 获取兄弟节点

1）nextSibling 属性和 previousSibling 属性

nextSibling 属性可以返回与被选节点同级的下一个节点，语法格式如下：

```
元素节点.nextSibling
```

previousSibling 属性可以返回与被选节点同级的前一个节点，语法格式如下：

```
元素节点.previousSibling
```

但是因为这两个属性在 IE 9.0 及以上版本的浏览器、Firefox 浏览器中也会遇到将空文本节点当作一个子节点的问题，所以在使用时需要注意。

2）nextElementSibling 属性和 previousElementSibling 属性

nextElementSibling 属性可以返回与被选节点同级的下一个节点，语法格式如下：

```
元素节点.nextElementSibling
```

previousElementSibling 属性可以返回与被选节点同级的前一个节点，语法格式如下：

```
元素节点.previousElementSibling
```

但是这两个属性只在 IE 9.0 及以上版本的浏览器、Firefox 浏览器中使用，IE 9.0 之前版本的浏览器不支持这两个属性。与 nextSibling 属性和 previousSibling 属性不同的是，这两个

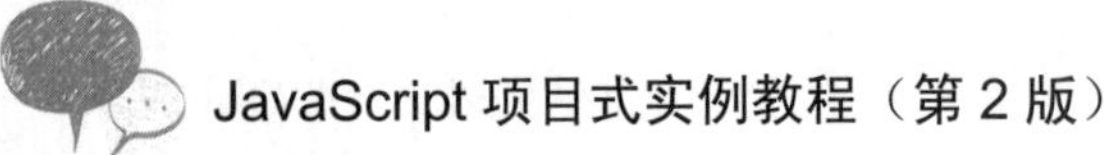

属性将忽略空文本节点。

8．创建元素节点

利用 createElement()方法可以动态地创建一个元素节点，语法格式如下：

```
document.createElement("元素标签名")
```

例如，以下代码可以创建一个标签名为“li”的元素节点，也就是创建一个空的<li>标签。

```
var li=document.createElement("li")
```

9．添加元素节点

利用createElement()方法创建的元素节点实际上还没有添加到页面文档中，必须依靠添加元素节点的方法来实现。

1）appendChild()方法

appendChild()方法可以在指定元素节点的最后一个子节点之后添加子节点，如果指定元素节点没有子节点，则直接添加子节点，语法格式如下：

```
父元素节点.appendChild(要添加的子元素节点)
```

例如，以下代码可以在 id 为“ul1”的元素节点<ul>中添加一个<li>子节点：

```
var ul=document.getElementById("ul1");
var oLi=document.createElement("li");
oLi.innerHTML="这是新添加的列表项";
ul.appendChild(oLi);
```

2）insertBefore()方法

insertBefore()方法可以在已有的子节点前添加一个新的子节点，语法格式如下：

```
父元素节点.insertBefore(要添加的子元素节点,参考子节点)
```

例如，假设在一个 id 为“ul1”的项目列表中有 3 个<li>列表项，现在要在第二个列表项的前面添加一个新的列表项，可以使用以下代码：

```
var ul=document.getElementById("ul1");
var targetLi=document.getElementsTagName("li")[1];//获取第二个列表项
var oLi=document.createElement("li");
oLi.innerHTML="这是新添加的列表项";
ul.insertBefore(oLi,targetLi);
```

10．删除元素节点

removeChild()方法可以删除指定元素节点中的一个子节点，语法格式如下：

```
父元素节点.removeChild(要删除的子元素节点)
```

例如，假设在一个 id 为“ul1”的项目列表中有 3 个<li>列表项，现在要删除第二个列表项，可以使用以下代码：

```
var ul=document.getElementById("ul1");
```

```
var targetLi=document.getElementsTagName("li")[1];//获取第二个列表项
ul.removeChild(targetLi);
```

任务分析

由于评论文字要以列表的形式展示，因此每次单击“发表评论”按钮后就使用创建元素节点<li>的方式创建一个列表项，并将评论文字添加到该列表项中。删除评论就是将该列表项从列表中删除。

任务实现

（1）创建一个页面文件“评论管理.html”。

（2）在<body></body>标签对中输入以下代码，创建一个文本区域框、一个按钮、一个准备显示评论列表行的空项目列表。

```
<body>
<textarea id="msgTextArea" cols="25" rows="5"></textarea>
<input type="button" id="msgBtn" value="发表评论"/>
<ul id="ul1">
</ul>
</body>
```

（3）在<head></head>标签对中输入以下代码：

```
<script type="text/javascript">
window.onload=function()
{
    function getMsgDate()//得到当前日期
    {
        var date=new Date();
        var year=date.getFullYear();
        var month=date.getMonth()+1;
        var day=date.getDay()+1;
        var msgDate=year+"/"+month+"/"+day;
        return msgDate;
    }
    var ul=document.getElementById("ul1");
    var msgBtn=document.getElementById("msgBtn");
    var msgTextArea=document.getElementById("msgTextArea");
    msgBtn.onclick=function()
    {
         var newLi=document.createElement("li");
         var delMsg="<a href='javascript:;' id='delLink'>删除</a>"
         newLi.innerHTML=msgTextArea.value+"---"+getMsgDate()+delMsg;
var lis=document.getElementsByTagName("li");
        if(ul.children.length==0)//添加新的评论
        {
```

```
24                ul.appendChild(newLi);
25            }
26            else
27            {
28                ul.insertBefore(newLi,lis[0]);
29            }
30            var delLink=document.getElementById("delLink");
31            delLink.onclick=function()//删除评论
32            {
33                ul.removeChild(this.parentNode);
34            }
35            //当鼠标指针悬停在某个评论行上时，该评论行的背景色改变
36            for(i=0;i<lis.length;i++)
37            {
38                lis[i].onmouseover=function()
39                {
40                    this.style.backgroundColor="yellow";
41                }
42                lis[i].onmouseout=function()
43                {
44                    this.style.backgroundColor="";
45                }
46            }
47        }
48    }
49    </script>
```

代码解释

下面对<head></head>标签对中的部分代码进行解释。

（1）第 04～12 行代码表示定义一个函数 getMsgDate()，该函数返回当前日期，日期格式为“年/月/日”。

（2）第 13～15 行代码表示依次获取文档中的项目列表、按钮和文本区域框。

（3）第 16～47 行代码是当单击“发表评论”按钮触发 onclick 事件时所执行的代码。

（4）第 18 行代码表示创建一个列表项 newLi；第 19 行代码表示准备一个字符串，该字符串的内容为“删除”超链接的 HTML 代码；第 20 行代码表示将文本区域框中的内容、当前日期及“删除”超链接的 HTML 代码连接在一起赋给新建的列表项 newLi 的 innerHTML 属性，以便使这些信息显示在列表项中。

（5）第 21 行代码表示获取所有列表项 li，以便后面选取其中的某个列表项及遍历所有列表项。

（6）第 22～29 行代码表示将创建的列表项 newLi 添加到项目列表中。其中，第 22 行代

码中的条件用于判断项目列表中是否已经有列表项 li，如果还没有，则表示是第一次添加，直接用第 24 行代码中的 appendChild()方法添加即可；否则表示已经有列表项 li，新加入的列表项要添加到已有的第一个列表项的前面，使新添加的列表项总是显示在第一行，此时执行第 28 行代码，即用 insertBefore()方法添加列表项。

（7）第 30 行代码表示获取“删除”超链接元素节点，以便为它添加 onclick 事件。第 31～34 行代码是当单击“删除”超链接触发 onclick 事件时要执行的代码。其中，第 33 行代码表示用 removeChild()方法将该超链接所在的列表行删除，参数 this.parentNode 指的是触发 onclick 事件的超链接的父节点<li>。

（8）第 36～46 行代码表示实现当鼠标指针悬停在评论行上时改变评论行背景色的效果。第 36 行代码表示通过 for 循环遍历变量中所有的列表项 li。第 38～41 行代码表示当鼠标指针移到评论行上时，将该评论行的背景色变为黄色；第 42～45 行代码表示当鼠标指针移出评论行时消除评论行的背景色。

任务 2　鼠标指针跟随

提出任务

设计一个鼠标指针跟随效果：当鼠标指针在页面中移动时，有一个红色矩形跟随着鼠标指针移动；当单击时，红色矩形消失；当再次单击时，红色矩形又出现在鼠标指针当前所在的位置。

知识预备

我们知道，在 CSS 中主要有 4 种页面元素定位方式，分别为 static（静态定位）、fixed（固定定位）、relative（相对定位）和 absolute（绝对定位）。当需要用 JavaScript 代码控制页面元素的位置时，通常使用该页面元素的 left 和 top 样式，此时该页面元素必须设置定位方式，但不可以使用 static 定位方式，原因是在 static 定位方式下 left 和 top 样式不起作用。关于这几种定位方式的具体含义，请读者参考 CSS 的相关文档。

任务分析

鼠标指针跟随效果是指当鼠标指针移动时，在鼠标的 onmousemove 事件中改变跟随鼠标指针移动的对象的位置信息。为了使该对象的位置设置有效，必须将其定位方式设置为除 static 定位方式之外的其他 3 种定位方式之一。

任务实现

（1）创建一个页面文件“鼠标指针跟随.html”。

（2）在<head></head>标签对中输入以下代码：

```
01  <script type="text/javascript">
02  window.onload=function()
03  {
04      var div=document.createElement('div');
05      document.body.appendChild(div);
06      div.style.width="100px";
07      div.style.height="100px";
08      div.style.backgroundColor="red";
09      div.style.position="absolute";
10      document.onmousemove=function(ev)
11      {
12          var oEvent=ev||event;
13          div.style.left=oEvent.clientX+"px";
14          div.style.top=oEvent.clientY+"px";
15      }
16      document.onclick=function()
17      {
18          if(div.style.display=="none")
19          {
20              div.style.display="block";
21          }
22          else
23          {
24              div.style.display="none";
25          }
26      }
27  }
28  </script>
```

代码解释

（1）第 04 行代码表示创建一个元素节点 div，第 05 行代码表示将元素节点 div 添加到页面中。

（2）第 06～08 行代码表示定义 div 的尺寸和背景色。

（3）第 09 行代码表示定义 div 的定位方式为“absolute”（绝对定位），也就是相对于文档窗口的左上角定位。这是为了当鼠标指针移动时改变该 div 的位置。当然，也可以将 div 的定位方式设置为“relative”（相对定位）或“fixed”（固定定位）。但是，不建议使用 fixed 定位方式，因为在 IE 6.0 及以下版本的浏览器中无法识别 fixed 定位方式。

（4）第 10～15 行代码是当鼠标指针移动触发 onmousemove 事件时要执行的代码。其中，第 12 行代码表示对 Event 对象进行兼容性处理。第 13～14 行代码表示将 div 的坐标设置为鼠标指针相对于窗口的坐标，从而达到鼠标指针跟随的效果。

（5）第 16～26 行代码是在文档中单击触发 onclick 事件时要执行的代码。其中，第 18 行代码表示判断 div 是否被隐藏，如果 div 处于隐藏状态就显示（见第 20 行代码），如果 div 处于显示状态就隐藏（见第 24 行代码）。

任务 3　循环移动图片墙

提出任务

设计一个横向的图片墙，如图 7.4 所示，其中的每张图片每隔一秒都从右向左移动一格。

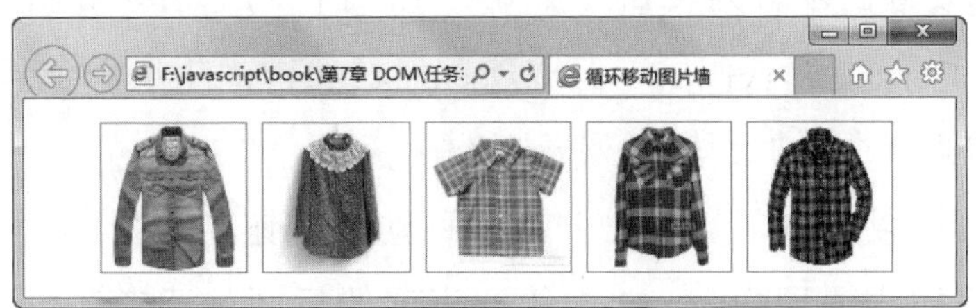

图 7.4　图片墙

知识预备

重新认识 appendChild()方法：在本项目的任务中，我们已经初步学习了 appendChild()方法，知道其作用是将新创建的元素节点添加到指定的元素节点之后。实际上，appendChild()方法还可以将已有的元素节点添加到指定的元素节点中。此时，该方法将会实现两步操作，第一步是从原来的位置移除该元素节点，第二步是将该元素节点添加到指定的元素节点中。

【实例 7.2】将一个项目列表中的列表项移到另一个项目列表中。

```
<html>
<head>
<script type="text/javascript">
window.onload=function()
{
    var ul1=document.getElementById("ul1");
    var ul2=document.getElementById("ul2");
    var moveBtn=document.getElementById("moveBtn");
    moveBtn.onclick=function()
    {
        var lis=document.getElementsByTagName("li");
        ul2.appendChild(lis[0]);
    }
}
</script>
```

```
16    </head>
17    <body>
18    <input type="button" id="moveBtn" value="移动" />
19    <ul id="ul1">
20        <li>1</li>
21        <li>2</li>
22        <li>3</li>
23        <li>4</li>
24        <li>5</li>
25    </ul>
26    <ul id="ul2">
27    </ul>
28    </body>
29    </html>
```

在上述代码中，第 19～25 行代码表示定义一个有列表项的项目列表 ul1，第 26～27 行代码表示定义一个无列表项的项目列表 ul2。第 09～13 行代码是当单击“移动”按钮触发 onclick 事件时要执行的代码，第 11 行代码表示获取项目列表 ul1 中的所有列表项 li，第 12 行代码表示将这些列表项中的第一个添加到项目列表 ul2 中。

在运行代码后，可以看到，每单击一次“移动”按钮，项目列表 ul1 中的第一个列表项就被移除，同时添加到项目列表 ul2 中的列表项的后面。读者还可以试着将上面的实例修改为只在项目列表 ul1 自身内部移动列表项。

任务分析

本任务要实现图片墙的循环移动，而图片的个数是有限的，所以可以考虑使用 appendChild()方法不断地将最左边的第一张图片移除，添加到最右边，如此往复。

任务实现

1. 建立图片列表和样式表

（1）创建一个页面文件“循环移动图片墙.html”。

（2）在<body></body>标签对中输入以下代码，创建一个项目列表，该项目列表中的每个列表项都是一张图片。

```
<body>
<ul id="ul1">
    <li><img src="images/1.jpg"/></li>
    <li><img src="images/2.jpg"/></li>
    <li><img src="images/3.jpg"/></li>
    <li><img src="images/4.jpg"/></li>
    <li><img src="images/5.jpg"/></li>
</ul>
</body>
```

（3）定义 CSS 样式，代码如下：

```
01    <style type="text/css">
02    img{
03        width:100px;
04        height:100px;
05        border:1px #999 solid;}
06    ul{
07        list-style-type:none;}
08    li{
09        display:inline;
10        margin:5px;}
11    </style>
```

代码解释

下面对定义 CSS 样式的部分代码进行解释。

（1）第 02～05 行代码表示定义所有图片的宽度、高度，以及外边框样式。

（2）第 06 行和第 07 行代码表示定义项目列表的样式，去掉了列表项前面的项目符号。

（3）第 08～10 行代码表示定义列表项为行内元素，以便在一行中显示，并且定义外边距为 5 像素。

2．编写循环移动代码

在<head></head>标签对中输入以下代码：

```
01    <script type="text/javascript">
02    window.onload=function()
03    {
04        var ul1=document.getElementById("ul1");
05        window.setInterval(move,1000);
06        function move()
07        {
08            var lis=document.getElementsByTagName("li");
09            ul1.appendChild(lis[0]);
10        }
11    }
12    </script>
```

代码解释

（1）第 04 行代码表示获取项目列表 ul1。

（2）第 05 行代码表示使用时间间隔方法每隔 1 秒运行一个自定义函数 move()。

（3）第 06～10 行代码表示自定义函数 move()，其中，第 08 行代码表示获取所有的列表项，第 09 行代码表示将项目列表 ul1 中的第一个列表项重新添加到项目列表 ul1 自身中。因为 appendChild()方法是先将要添加的元素节点从原来的位置移除，再将该元素节点添加到指定的位置，所以就实现了循环移动的效果。

任务 4 表格排序

提出任务

有一个 7 行 1 列的表格，其中有无序数字，在单击“降序排列”按钮后，表格中的数字按照降序排列，如图 7.5 所示。

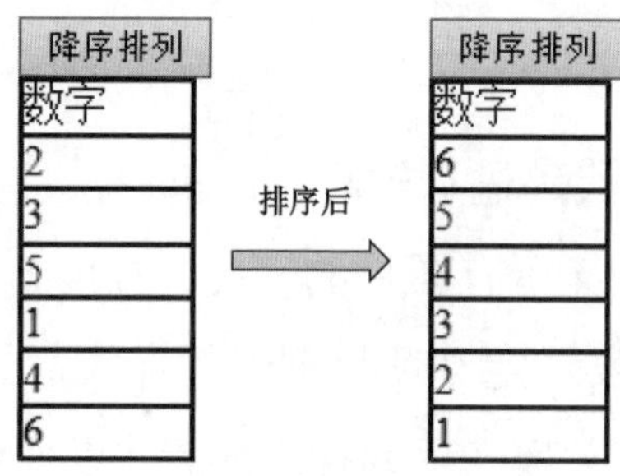

图 7.5　表格排序

知识预备

1．获取表格元素

1）标准表格

通常，在编写表格 HTML 代码时，使用下列写法：

```
<table>
   <tr>
        <td>内容</td>
        其他<td></td>标签对
   </tr>
   其他<tr></tr>标签对
</table>
```

实际上，一个完整的表格需要包括表头、表体和表尾。其中，表头包含在<thead></thead>标签对中，表体包含在<tbody></tbody>标签对中，表尾包含在<tfoot></tfoot>标签对中。表头和表尾分别显示在表格的最上端和最下端，表体显示在表头和表尾之间，表体可以有一个或多个。例如，一个比较完整的表格的代码如下：

```
<table width="200" border="1" id="tb">
<thead>
  <tr>
    <td>序号</td>
```

```
05        <td>姓名</td>
06      </tr>
07    </thead>
08    <tbody>
09      <tr>
10        <td>1</td>
11        <td>张三</td>
12      </tr>
13      <tr>
14        <td>2</td>
15        <td>李四</td>
16      </tr>
17      <tr>
18        <td>3</td>
19        <td>王五</td>
20      </tr>
21      <tr>
22        <td>4</td>
23        <td>赵六</td>
24      </tr>
25    </tbody>
26    <tfoot>
27      <tr>
28        <td colspan="2">制表人：×××</td>
29      </tr>
30    </tfoot>
31    </table>
```

其中，第 02～07 行代码表示定义表头，第 08～25 行代码表示定义表体，第 26～30 行代码表示定义表尾。显示完整的表格如图 7.6 所示。

序号	姓名
1	张三
2	李四
3	王五
4	赵六
制表人:×××	

图 7.6　完整的表格

2）获取表头

tHead 属性可以获取表头，语法格式如下：

```
表格对象.tHead
```

例如，图 7.6 所示表格的表头内容可以用以下代码获取：

```
<script>
window.onload=function()
{
    var tb=document.getElementById('tb');
    alert(tb.tHead.innerHTML);
```

```
}
</script>
```

弹出的对话框中显示的结果如下：

```
<tr>
    <td>序号</td>
    <td>姓名</td>
</tr>
```

3）获取表尾

tFoot 属性可以获取表尾，语法格式如下：

```
表格对象.tFoot
```

该属性的用法与 tHead 属性的用法类似，这里不再举例。

4）获取表体

tBodies 属性可以获取表体，语法格式如下：

```
表格对象.tBodies
```

由于表体可以有多个，因此 tBodies 属性返回的是一个集合，如果要获取指定的某个表体，则需要使用该表体的索引值。例如，如果要获取图 7.6 所示表格中的第一个表体，则可以使用以下代码：

```
表格对象.tBodies[0]
```

即便表格中只有一个表体，也要使用上述引用方法。

5）获取行

rows 属性可以获取表格各个部分的行，语法格式如下：

```
表格对象.表头对象|表体对象|表尾对象.rows          //“|”表示“或者”
```

rows 属性返回的结果也是一个集合，如果要获取指定的某一行，则需要使用该行的索引值。例如，如果要获取图 7.6 所示表格中表体的第一行，则可以使用以下代码：

```
表格对象.tBodies[0].rows[0]
```

再如，如果要获取图 7.6 所示表格中表体部分的行数，则可以使用以下代码：

```
<script>
window.onload=function()
{
    var tb=document.getElementById('tb');
    alert(tb.tBodies[0].rows.length);
}
</script>
```

在运行上述代码后，弹出的对话框中显示的结果为“4”。

6）获取单元格

cells 属性可以获取表格中的任意一个单元格，语法格式如下：

```
表格对象.表头对象|表体对象|表尾对象.rows[索引值].cells    //“|”表示“或者”
```

cells 属性返回的结果也是一个集合，如果要获取指定的某个单元格，则需要使用该单元格的索引值。例如，如果要获取图 7.6 所示表格中表体的第一行的第一个单元格，则可以使用以下代码：

```
表格对象.tBodies[0].rows[0].cells[0]
```

再如，如果要获取图 7.6 所示表格内表体的第一行的第二个单元格中的内容，则可以使用以下代码：

```
<script>
window.onload=function()
{
    var tb=document.getElementById('tb');
    alert(tb.tBodies[0].rows[0].cells[1].innerHTML);
}
</script>
```

在运行上述代码后，弹出的对话框中显示的结果为“张三”。

2. 数组排序

对于一个数组，如果希望对其中的元素进行排序，则可以使用很多种排序算法。一种比较简便的做法是使用数组对象提供的 sort()方法，该方法可以对数组元素按照升序或降序进行排序。语法格式如下：

```
数组对象.sort([fn])    //如果其中的“fn”省略，则默认按照升序排序
```

其中，“fn”是一个自定义函数，该函数的形式如下：

```
01  function fn(n1, n2)
02  {
03      return n1-n2; //或者是“return n2-n1;”
04  }
```

只有当 n1 大于 n2 时，该函数的返回值才大于 0，sort()方法排序才能成功；当 n1 小于或等于 n2 时，该函数的返回值为小于或等于 0 的数，此时 sort()方法不排序。以此类推，最后数组对象中的数组元素就会按照升序排序。

如果把第 03 行代码修改为“return n2-n1;”，则只有当 n2 大于 n1 时，该函数的返回值才大于 0，同理，最后数组对象中的数组元素就会按照降序排序。

需要注意的是，当 fn()函数作为参数时也可以省略，此时默认按照升序排序。

【实例 7.3】数组排序。

```
<script type="text/javascript">
var arr=[5,2,4,1,3];
arr.sort(fn);
for(i=0;i<arr.length;i++)
{
    document.write(arr[i]+" ");
```

```
}
function fn(n1,n2)
{
    return n1-n2;
}
</script>
```

需要注意的是，sort()方法只能对数组对象进行排序，而不能对表格元素如行、单元格等集合对象进行排序。如果需要使用 sort()方法对这些集合对象进行排序，则必须将集合对象转换为数组对象后才能使用 sort()方法进行排序。

任务分析

本任务看似是对表格中的数据进行排序，实际上是对数组中的元素进行排序。可以先获取表格中的数据，将其存储在数组中，然后对数组中的元素进行排序，最后使用 appendChild()方法将完成排序的数组元素依次添加到表体中。

任务实现

（1）创建一个页面文件“表格排序.html”。

（2）在<body></body>标签对中输入以下代码，创建一个按钮和一个表格。

```
<body>
<input type="button" id="sortBtn" value="降序排列"/>
<table id="table1" border="1" cellspacing="0" cellpadding="0">
  <thead>
  <tr>
        <td width="65">数字</td>
  </tr>
  </thead>
  <tbody>
    <tr>
      <td>2</td>
    </tr>
    <tr>
      <td>3</td>
    </tr>
    <tr>
      <td>5</td>
    </tr>
    <tr>
      <td>1</td>
    </tr>
    <tr>
      <td>4</td>
    </tr>
    <tr>
```

```
            <td>6</td>
          </tr>
        </tbody>
      </table>
      </body>
```

（3）在<head></head>标签对中输入以下代码：

```
01  <script type="text/javascript">
02  window.onload=function()
03  {
04      function fn(tr1,tr2)
05      {
06          var num1=parseInt(tr1.cells[0].innerHTML);
07          var num2=parseInt(tr2.cells[0].innerHTML);
08          return num2-num1;
09      }
10      var sortBtn=document.getElementById("sortBtn");
11      sortBtn.onclick=function()
12      {
13          var table=document.getElementById("table1");
14          var trRows=table.tBodies[0].rows;
15          var arr=[];
16          for(i=0;i<trRows.length;i++)
17          {
18              arr[i]=trRows[i];
19          }
20          arr.sort(fn);
21          for(i=0;i<arr.length;i++)
22          {
23              table.tBodies[0].appendChild(arr[i]);
24          }
25      }
26  }
27  </script>
```

代码解释

下面对<head></head>标签对中的部分代码进行解释。

（1）第 04～09 行代码表示定义一个准备作为数组排序方法 sort()的参数的函数 fn()。该函数的作用是接收两个表格行 tr1 和 tr2，获取这两行的第一个单元格 cell[0]中的内容并将其转换为整数，然后返回第二个数减去第一个数的差值。只有当第二个数大于第一个数时，返回的差值才大于 0，此时 sort()方法才能进行排序。以此类推，最后所有行将按照第一个单元格中的数字大小降序排序。

（2）第 10 行代码表示获取“降序排序”按钮。

（3）第 11～25 行代码是当单击“降序排序”按钮触发 onclick 事件时要执行的代码，第

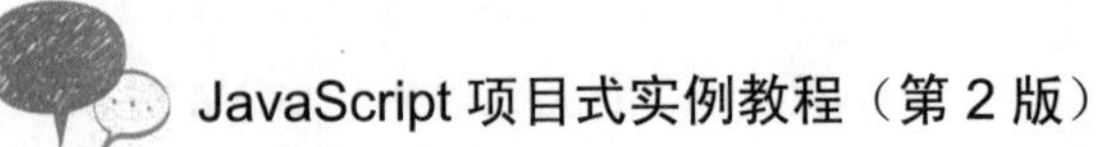

13 行代码表示获取表格，第 14 行代码表示获取表体中所有的行。

（4）第 15 行代码表示定义一个数组，第 16～19 行代码表示将表体中所有的行赋值给数组中的元素，第 20 行代码表示对数组中的元素进行排序。之所以这样做，是因为 sort()方法只能对数组对象进行排序，而表格行是集合对象，不能直接使用该方法对其进行排序，所以必须先将表格行赋值给数组元素，然后使用 sort()方法对数组元素进行排序。sort()方法中的参数 fn 通过对比数组中两个元素的值，根据上述对 fn()函数的作用解释，使数组元素最终按照降序排序。

（5）第 21～24 行代码表示将完成排序的数组元素依次添加到表体中。由于 appendChild()方法在执行时先移除原来的行再添加现在的行，因此最终看到的效果是表格中所有的数据行都按照降序排序。

任务 5　“项目 7”的实现

知识预备

获取或设置元素节点的属性的方法说明如下。

1）getAttribute()方法

getAttribute()方法可以获取元素节点的某个指定属性的值，语法格式如下：

```
元素节点.getAttribute("属性")
```

例如，以下代码可以获取 id 为“ul1”的元素节点<ul>的 id 属性的值：

```
var ul=document.getElementById("ul1");
alert(ul.getAttribute("id"));
```

在运行上述代码后，弹出的对话框中显示的结果为“ul1”。

2）setAttribute()方法

setAttribute()方法可以设置元素节点的某个指定属性的值，语法格式如下：

```
元素节点.setAttribute("属性",属性的值)
```

例如，以下代码可以设置 id 为“ul1”的元素节点<ul>的 title 属性的值为“这是列表”：

```
var ul=document.getElementById("ul1");
ul.setAttribute("title","这是列表");
alert(ul.getAttribute("title"));
```

在运行上述代码后，弹出的对话框中显示的结果为“这是列表”。

3）兼容性问题

上述两种方法都存在浏览器兼容性问题。例如，在 IE 6.0、IE 7.0 中使用上述两种方法无法识别 style 属性、class 属性及 for 属性等。因此，对于元素节点的属性的获取或设置，一般建议如下：

①常规属性建议使用“元素节点.属性”的形式，如 id 属性、title 属性等。

②自定义属性一般使用上述两种方法。

③当获取或设置的属性的名称是 JavaScript 语言中的关键字时，建议使用上述两种方法，如<label>标签的 for 属性。

④当获取或设置的属性的名称是 JavaScript 语言中的保留字时，如 class 属性，建议使用“元素节点.className”的形式。

项目分析

（1）在本项目中，想要设置图片的来源，可以通过遍历表体中所有的行并设置其中<img>标签的 src 属性的值来实现。

（2）在对表格中的数据进行排序时，考虑到表格行作为集合对象不能直接使用 sort()方法对其进行排序，可以将服装销量赋值给数组，在对数组元素进行排序后，将完成排序的数组元素作为子节点添加到表体中。

（3）由于排序后要求各行前面的序号不变，因此排序后要重新设置各行前面的序号。

（4）当鼠标指针悬停在图片小图上时显示大图的效果，可以利用鼠标指针跟随技术实现，显示服装销量提示信息的效果可以通过设置<img>标签的 title 属性的值来实现。

（5）项目中要尽量考虑到浏览器兼容性问题。

项目实现

（1）创建页面文件“商品列表.html”。

（2）在<body></body>标签对中建立一个“按照销量排序”按钮、一个含有<img>标签的表格（为了方便测试，销量数据已经提前写入表格），代码如下：

```
<body>
<input type="button" id="sortBtn" value="按照销量排序"/>
<table border="1" cellpadding="0" cellspacing="0" id="tb1">
  <thead>
      <tr>
          <td width="32">序号</td>
          <td width="32">图片</td>
          <td width="93">销量（件）</td>
      </tr>
  </thead>
  <tbody>
      <tr>
          <td></td>
          <td><img/></td>
```

```
            <td>200</td>
        </tr>
        <tr>
            <td></td>
            <td><img/></td>
            <td>100</td>
        </tr>
        <tr>
            <td></td>
            <td><img/></td>
            <td>150</td>
        </tr>
        <tr>
            <td></td>
            <td><img/></td>
            <td>50</td>
        </tr>
        <tr>
            <td></td>
            <td><img/></td>
            <td>180</td>
        </tr>
        <tr>
            <td></td>
            <td><img/></td>
            <td>300</td>
        </tr>
    </tbody>
</table>
</body>
```

（3）在<head></head>标签对中定义以下 CSS 样式，以便为各行变色提供两种背景样式（见第 04～07 行代码）。注意，第 02 行和第 03 行代码表示设置 body 的定位方式，是为了使放置大图的元素节点 div 更好地定位，否则当鼠标指针在表格行中的小图上移动时，鼠标指针跟随效果会出现闪烁。

```
01    <style type="text/css">
02    body{
03        position:absolute;}
04    .class1{
05        background-color:#CCC;}
06    .class2{
07        background-color:#F9F;}
08    </style>
```

（4）在<head></head>标签对中输入以下代码：

```
<script type="text/javascript">
window.onload=function()
```

```
{
    var tb=document.getElementById("tb1");
    var sortBtn=document.getElementById("sortBtn");
    var trRows=tb.tBodies[0].rows;
    var isAsc=true;
    var oDiv;
    function createDiv()//创建一个元素节点 div，用于显示大图
    {
        oDiv=document.createElement("div");
        document.body.appendChild(oDiv);
        oDiv.style.width=200+"px";
        oDiv.style.height=200+"px";
        oDiv.style.position="absolute";
    }
    createDiv();
    function setRowColor()//设置隔行变色
    {
        for(i=0;i<trRows.length;i++)
        {
         i%2==0?trRows[i].className="class1":trRows[i].className="class2";
        }
    }
    setRowColor();
    //当鼠标指针悬停在某一行上时，该行的背景色改变；当鼠标指针离开该行时，该行的背景色还原为原来的颜色
    function mouseRowColor()
    {
        var rowColor;
        for(i=0;i<trRows.length;i++)
        {
            trRows[i].onmouseover=function()
            {
                rowColor=this.style.backgroundColor;
                this.style.backgroundColor="yellow";
            }
            trRows[i].onmouseout=function()
            {
                this.style.backgroundColor=rowColor;
            }
        }
    }
    mouseRowColor();
    var imgs=document.getElementsByTagName("img");
    for(i=0;i<imgs.length;i++)//为每行添加图片，为每张图片添加鼠标事件
    {
        imgs[i].width=50;
        imgs[i].height=50;
        imgs[i].src="images/"+(i+1)+".jpg";
        imgs[i].onmousemove=function(ev)
```

```
        {
            var oEvent=ev||event;
            oDiv.style.display="block";
            oDiv.style.left=oEvent.clientX+"px";
            oDiv.style.top=oEvent.clientY+"px";
            oDiv.innerHTML="<img src='"+this.src+"'/>";
            //下面为图片对象添加title属性
            if(this.parentNode.nextSibling.nodeType==3)
            {
                var titleValue=this.parentNode.nextSibling.nextSibling.
innerHTML;
            }
            else
            {
                var titleValue=this.parentNode.nextSibling.innerHTML;
            }
            this.setAttribute("title","该款销量为："+titleValue+"件");
        }
        imgs[i].onmouseout=function()
        {
            oDiv.style.display="none";
        }
    }
    function setRowID()//设置每行的序号
    {
        for(i=0;i<trRows.length;i++)
        {
            trRows[i].cells[0].innerHTML=i+1;
        }
    }
    setRowID();
    function fn(tr1, tr2)//准备传入sort()方法中的函数
    {
        var num1=parseInt(tr1.cells[2].innerHTML);
        var num2=parseInt(tr2.cells[2].innerHTML);
        if(isAsc)
        {
            return num1-num2;
        }
        else
        {
            return num2-num1;
        }
    }
    sortBtn.onclick=function()//单击按钮按照销量进行排序
    {
        var arr=[];
        for(i=0;i<trRows.length;i++)//将表格行转存为数组元素
        {
```

```
101             arr[i]=trRows[i];
102         }
103         arr.sort(fn);
104         for(i=0;i<arr.length;i++)//将完成排序的数组元素添加到表体中
105         {
106             tb.tBodies[0].appendChild(arr[i]);
107         }
108         setRowID();
109         setRowColor();
110         isAsc=!isAsc;//变换升降序
111     }
112 }
113 </script>
```

代码解释

下面对<head></head>标签对中的部分代码（不是定义 CSS 样式的代码）进行解释。

（1）第 04 行代码表示获取表格，第 05 行代码表示获取“按照销量排序”按钮，第 06 行代码表示获取表体中所有的行。

（2）第 07 行代码表示设置一个逻辑变量，以便标识排序方式是升序还是降序。第 08 行代码表示定义一个变量，用于存储创建的元素节点 div。

（3）第 09～16 行代码表示定义一个函数，该函数的功能是创建一个元素节点 div，用于显示大图。其中，第 11 行代码表示创建一个元素节点 div，第 12 行代码表示将 div 添加到页面中，第 13 行和第 14 行代码表示分别设置 div 的宽度和高度，第 15 行代码表示设置 div 的定位方式为绝对定位。需要注意的是，这里的定位方式不要使用固定定位，因为该定位方式在 IE 6.0 及以下版本的浏览器中不能被识别。第 17 行代码表示调用并执行该函数。

（4）第 18～24 行代码表示定义一个函数，该函数的功能是实现表格的隔行变色。其中，第 20 行代码表示遍历表体中的行，第 22 行代码表示用一条判断选择语句判断行号的奇偶性：如果行号为偶数，则行样式采用 class1；如果行号为奇数，则行样式采用 class2。第 25 行代码表示调用并执行该函数。

（5）第 28～43 行代码表示定义一个函数，该函数的功能是为表体中的每行添加鼠标事件。其中，第 30 行代码表示定义一个变量，用来存储表体中的行原有的背景色，以便当鼠标指针离开该行时，该行的背景色还原为原来的背景色。第 31～42 行代码表示遍历表体中的行，为每行添加鼠标指针移入事件（见第 33～37 行代码）和鼠标指针离开事件（见第 38～41 行代码）。当鼠标指针移入该行时，先将该行原来的背景色存储起来（见第 35 行代码），再设置新的背景色（见第 36 行代码）。当鼠标指针离开该行时，将该行的背景色还原为原来的背景色（见第 40 行代码）。第 44 行代码表示调用并执行该函数。

（6）第 45～74 行代码表示获取所有的<img>元素节点对象（见第 45 行代码），并遍历这些对象（见第 46～74 行代码），为其设置宽度（见第 48 行代码）、高度（见第 49 行代码）及图片来源（见第 50 行代码）等属性，添加鼠标指针移动事件（见第 51～69 行代码）和鼠标指针移出事件（见第 70～73 行代码）。

当鼠标指针在图片上移动时，应进行以下处理。

第 53 行代码表示对 Event 对象进行兼容性处理，第 54 行代码表示显示创建的元素节点 div，第 55 行和第 56 行代码表示设置 div 的位置，第 57 行代码表示设置 div 中要显示的内容为一张图片。

由于同时要显示销量信息，因此第 58～68 行代码表示为当前的图片对象添加 title 属性，该属性的值就是鼠标指针所在的行中销量单元格中的销量信息。其中，第 59 行代码中的判断条件是为了兼容 IE 9.0 及 Firefox 浏览器。如果是 IE 9.0 或 Firefox 浏览器，就使用第 61 行和第 62 行代码获取销量信息，否则使用第 66 行代码获取销量信息。最后，将获取的销量信息添加到当前行的<img>元素节点对象的 title 属性中（见第 68 行代码）。

当鼠标指针从图片上移出时，隐藏元素节点 div（见第 72 行代码）。

（7）第 75～81 行代码表示定义一个函数，该函数的功能是为表体中的每行的第一个单元格设置一个序号。第 82 行代码表示调用并执行该函数。

（8）第 83～95 行代码表示定义一个函数，该函数将被传入为数组元素进行排序的 sort()方法中，从而实现升序排序或降序排序。

（9）第 96～111 行代码是当单击“按照销量排序”按钮触发 onclick 事件时要执行的代码，其作用是对表体中的行按照销量进行升序排序或降序排序。其中，第 98 行代码表示定义一个空数组，第 99～102 行代码表示将表体中的所有行转存为数组元素，第 103 行代码表示使用 sort()方法对数组元素进行排序。在第一次单击“按照销量排序”按钮时，由于变量 isAsc 初始化为 true（见第 07 行代码），因此 fn()函数将执行第 89 行代码，数组元素将按照升序排序。第 104～107 行代码表示将数组元素依次添加到表体中。

因为排序后的行序号被打乱，所以必须重新设置行序号（见第 108 行代码），重新设置隔行变色（见第 109 行代码）。第 110 行代码表示对逻辑变量 isAsc 取反，所得效果是：如果当前是按照升序排序的，则在单击“按照销量排序”按钮后就按照降序排序；如果当前是按照降序排序的，则在单击“按照销量排序”按钮后就按照升序排序。

拓展实训

（1）当用户在文本框中输入内容，单击“发表”按钮后，文本框中的内容将以列表项的形式被添加到文本框的下方，如图 7.7 所示。

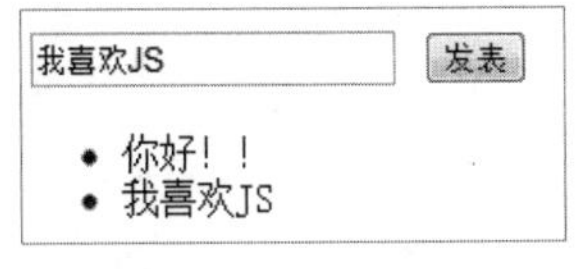

图 7.7　发表内容

（2）将上面的题目需求修改为：当单击“发表”按钮后，当前发表的内容将总是排在项目列表的最上面。

（3）页面中有一个项目列表，该项目列表中的每个列表项的后面都有一个“隐藏”超链接，如图 7.8 所示，单击该超链接即可将当前行隐藏。

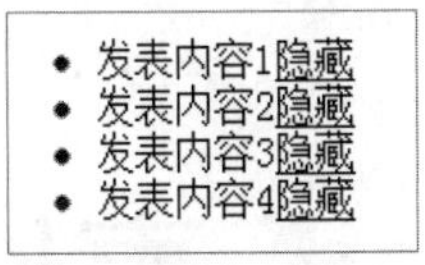

- 发表内容1隐藏
- 发表内容2隐藏
- 发表内容3隐藏
- 发表内容4隐藏

图 7.8　隐藏内容

（4）页面中有一个项目列表，如图 7.9 所示。当用户单击“排序”按钮时，列表项将按照数字大小进行升序排序；当再次单击“排序”按钮时，列表项将按照数字大小进行降序排序。

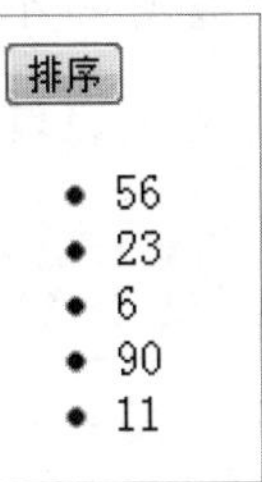

图 7.9　对列表项进行排序

（5）页面中有一个表格，如图 7.10 所示。当用户单击“排序”按钮时，表体中的行将按照发布日期进行升序排序；当再次单击“排序”按钮时，表体中的行将按照发布日期进行降序排序。（提示：使用 Date.parse("日期")可以将日期解析为一个该日期与 1970 年 1 月 1 日零时零分零秒之间所间隔的毫秒数，如 Date.parse("2014/6/7")解析后的毫秒数是 1402070400000。）

排序

新闻标题	发布日期
新闻1	2014/6/7
新闻2	2014/2/5
新闻3	2014/4/10
新闻4	2014/3/3

图 7.10　对表体中的行进行排序

自制滚动条——事件的高级应用

项目情境

页面中的方框中显示了一篇文章，旁边有一个自制的竖向滚动条，如图 8.1 所示。用户可以按住鼠标左键上下拖动滚动条中的滑块或通过控制鼠标滚轮浏览方框中的文章。

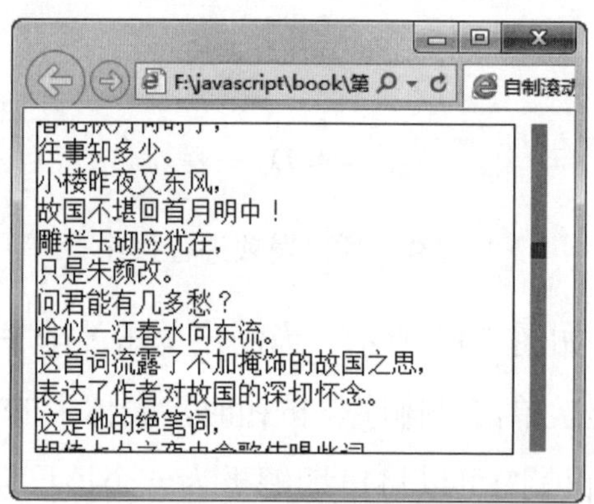

图 8.1　自制滚动条

学习目标

- 掌握事件流和事件绑定。
- 掌握阻止浏览器默认行为的方法。
- 掌握鼠标滚轮事件的处理方法。
- 深入理解 JavaScript 事件处理机制的高级特性。
- 能够应用高级事件处理技术实现复杂交互。
- 培养对复杂交互场景的分析和规划能力。

任务 1 关闭广告对联

提出任务

页面中左右各有一个条幅广告，如图 8.2 所示，单击任意一个条幅广告中的“X”超链接都会将两个条幅广告同时关闭。

图 8.2 广告对联

知识预备

1. 事件流

在项目 4 中，我们已经学习了事件的概念，也一直在使用事件，但都是一个对象响应一个事件，这是一种单一事件处理机制。实际上，在浏览器中，可以同时有多个对象响应同一个事件。

例如，在一个表单中有一个“提交”按钮，当单击该按钮时，实际上也单击了表单和表单所在的网页，所以，有时候不只对按钮进行事件处理。此时，事件会按照一个特定的顺序进行传播，依次执行相应的事件处理函数。这种处理机制就好像事件在不同的对象间流动一样，所以人们把它形象地称为“事件流”。

在不同的浏览器中，这种事件的流动顺序，或者一个或多个对象响应事件发生的先后顺序是不一样的。

在 IE 浏览器中采用的是冒泡型事件处理机制，而在 Netscape 浏览器和 Firefox 浏览器中采用的则是捕获型事件处理机制。

2. 冒泡型事件流

冒泡型事件流的基本思想是：事件按照从最特定的事件目标到最不特定的事件目标（Document 对象）的顺序触发。示例如下：

```
<p>
    <span>
        <a href="#">单击我触发冒泡型事件流</a>
    </span>
</p>
```

如果同时给<span>和<a>标签绑定了 onclick 事件，则当单击<a>标签时会同时触发 a 和 span 元素的事件。先触发的是<a>标签的 onclick 事件，然后触发的是<span>标签的 onclick 事件。单击的第一目标是<a>标签这个超链接，它就是“最特定的事件目标”，然后才是<span>标签这个“相对不特定的事件目标”。

在上面的 HTML 代码中，<span>标签是<a>标签的父节点，事件触发的顺序是从最特定的事件目标<a>标签开始，沿着 DOM 树不断地向上触发 onclick 事件，就像气泡从下一直向上冒的过程一样，“冒泡型”的名称也是这么得来的。需要注意的是，由于只给<a>和<span>标签绑定了 onclick 事件，因此“冒”到<span>标签就到顶了，如果<p>标签和 Document 对象也绑定了 onclick 事件，则这个冒泡的过程就会一直延续到 Document 对象的事件触发才能结束。

另外，需要说明的是，在 IE 5.5 中冒泡的最高层 DOM 节点为 Document 对象，在 IE 6.0 中冒泡的最高层为 HTML 节点。Mozilla 1.0 及之后版本的浏览器也支持冒泡，冒泡型事件流可以冒泡到 Window 对象。

3．捕获型事件流

捕获型事件流触发的过程正好和冒泡型事件流的触发过程相反。在捕获型事件流中，事件从最不精确的对象（Document 对象）开始触发，直到最精确的对象。

4．DOM 事件流

DOM 事件流是 W3C 制定的一个标准规范，它同时支持两种事件流模式，只是先发生捕获型事件流，再发生冒泡型事件流。需要特别指出的是，在 DOM 事件流中，文本节点也触发事件（IE 浏览器中不支持）。

5．为事件绑定监听函数

1）传统的绑定方法

这是前面项目中一直在使用的方法，语法格式如下：

```
对象.事件=匿名函数
```

或者

```
对象.事件=函数名
```

这种绑定方法简单，但是一次只能绑定一个事件处理函数，如果重复绑定，则会产生覆盖。传统的绑定方法只会在事件冒泡中运行，这种方法对所有的浏览器都适用。

2）W3C 标准绑定方法

这种绑定方法是用 addEventListener()方法为事件绑定监听函数，语法格式如下：

```
对象.addEventListener(事件名称,函数,是否捕获)
```

其中，参数“事件名称”不要包含“on”；参数“函数”既可以是匿名函数，也可以是一个已经定义的函数的名称；参数“是否捕获”的取值为 true 或 false，表示事件处理函数是否在捕获阶段触发，值为 true 表示触发，值为 false 表示不触发。

这种绑定方法同时支持事件处理的捕获和冒泡两个阶段，同一个对象的同一个事件可以绑定多个事件处理函数。但是，必须注意，这种绑定方法在 IE 9.0 以下版本的浏览器中不能被识别。示例如下：

```
var btn=document.getElementById("button");
btn.addEventListener("click",function(){alert("你好");},false);
btn.addEventListener("click",fn,false);
function fn()
{
    alert("再见");
}
```

在上面的代码中，为按钮 btn 绑定了两次单击事件（注意，单击事件不要写成“onclick”），执行的结果是当单击该按钮时，先弹出“你好”对话框，再弹出“再见”对话框。

3）IE 事件绑定方法

这种绑定方法使用 attachEvent()方法为事件绑定监听函数，语法格式如下：

```
对象.attachEvent(事件名称,函数)
```

其中，参数“事件名称”要包含“on”，参数“函数”既可以是匿名函数，也可以是一个已经定义的函数的名称。

这种绑定方法只支持事件处理的冒泡阶段，同一个对象的同一个事件可以绑定多个事件处理函数。但是，必须注意，这种绑定方法在 IE 9.0 及以上版本的浏览器、Firefox 浏览器等中不能被识别。示例如下：

```
var btn=document.getElementById("button");
btn.attachEvent("onclick",function(){alert("你好");});
btn.attachEvent("onclick",fn);
function fn()
{
    alert("再见");
}
```

在上面的代码中，为按钮 btn 绑定了两次单击事件（注意，单击事件不要写成“click”），执行的结果是当单击该按钮时，先弹出“再见”对话框，再弹出“你好”对话框。

6．为事件解除绑定函数

通过 addEventListener()方法绑定的事件处理函数，必须使用 removeEventListener()方法才能解除，而且要求该方法的参数与绑定事件处理函数时 addEventListener()方法的参数完全一致（包括参数“是否捕获”）。

通过 attachEvent()方法绑定的事件处理函数，必须使用 detachEvent()方法才能解除，而且要求该方法的参数与绑定事件处理函数时 attachEvent()方法的参数完全一致。

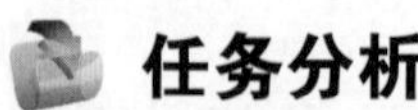

任务分析

广告对联可以使用 DIV 对象制作，关闭广告对联就是使 DIV 对象样式的 display 属性的值为 none。将分别关闭左右条幅广告的两个函数都绑定到两个关闭超链接的单击事件上，就能够达到单击任意一个关闭超链接都可以将广告对联关闭的目的。

任务实现

（1）创建一个页面文件“关闭广告对联.html”。

（2）在<body></body>标签对中输入以下代码，创建两个 DIV 对象，在每个 DIV 对象中各放置一个用于用户关闭广告对联的空的超链接。

```
<body>
<div id="div1">广告 1<a href="#">X</a></div>
<div id="div2">广告 2<a href="#">X</a></div>
</body>
```

（3）在<head></head>标签对中定义以下 CSS 样式，使两个 DIV 对象分别显示在浏览器窗口的左右两边。

```
<style type="text/css">
div{
    background-color:#FC6;
    width:60px;
    height:150px;
    position:absolute;}
#div1{
    top:10px;
    left:0;}
#div2{
    top:10px;
    right:0;}
</style>
```

（4）在<head></head>标签对中输入以下代码：

```
window.onload=function()
{
    var aLinks=document.getElementsByTagName("a");
    function closeLeft()
    {
        var div1=document.getElementById("div1");
        div1.style.display="none";
    }
    function closeRight()
    {
```

```
11             var div2=document.getElementById("div2");
12             div2.style.display="none";
13         }
14         if(aLinks[0].attachEvent)//兼容 IE 9.0 及以下版本的浏览器
15         {
16             aLinks[0].attachEvent("onclick",closeLeft);
17             aLinks[0].attachEvent("onclick",closeRight);
18             aLinks[1].attachEvent("onclick",closeLeft);
19             aLinks[1].attachEvent("onclick",closeRight);
20         }
21         else  //IE 9.0 及以上版本的浏览器、Firefox 浏览器
22         {
23             aLinks[0].addEventListener("click",closeLeft,false);
24             aLinks[0].addEventListener("click",closeRight,false);
25             aLinks[1].addEventListener("click",closeLeft,false);
26             aLinks[1].addEventListener("click",closeRight,false);
27         }
28     }
```

代码解释

下面对<head></head>标签对中的部分代码（不是定义 CSS 样式的代码）进行解释。

（1）第 03 行代码表示获取所有的 a 超链接对象。

（2）第 04～08 行代码中的自定义函数用于隐藏左边的条幅广告。

（3）第 09～13 行代码中的自定义函数用于隐藏右边的条幅广告。

（4）第 14～27 行代码表示根据不同的浏览器选择不同的事件绑定方法。其中，第 14 行代码中的条件用于判断浏览器是否支持 attachEvent()方法。如果浏览器支持 attachEvent()方法，就为两个超链接使用 attachEvent()方法绑定单击事件，以及该事件触发的关闭左右条幅广告的响应函数（见第 16～19 行代码）。如果浏览器不支持 attachEvent()方法（见第 21 行代码），就使用 addEventListener()方法绑定单击事件，以及该事件触发的关闭左右条幅广告的响应函数（见第 23～26 行代码）。

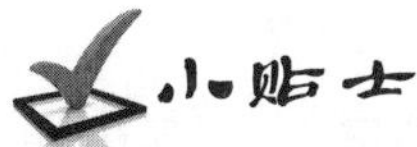

因为浏览器兼容性问题，以上代码显得非常臃肿，所以，可以在这里封装一个函数，专门用于处理在不同的浏览器中绑定事件的情况，将该代码独立地保存为一个 JS 文件“事件绑定.js”（后面的任务中还会用到该 JS 文件）。

```
function  myAddEvent(obj,oEvent,fn)
{
    if(obj.attachEvent)
    {
        obj.attachEvent("on"+oEvent,fn);
```

```
    }
    else
    {
        obj.addEventListener(oEvent,fn,false);
    }
}
```

此时，本任务的代码可以修改为以下形式：

```
<script src="事件绑定.js"></script>
<script type="text/javascript">
window.onload=function()
{
    var aLinks=document.getElementsByTagName("a");
    function closeLeft()
    {
        var div1=document.getElementById("div1");
        div1.style.display="none";
    }
    function closeRight()
    {
        var div2=document.getElementById("div2");
        div2.style.display="none";
    }
    myAddEvent(aLinks[0],"click",closeLeft);
    myAddEvent(aLinks[0],"click",closeRight);
    myAddEvent(aLinks[1],"click",closeLeft);
    myAddEvent(aLinks[1],"click",closeRight);
}
</script>
```

任务 2　实现拖动

提出任务

页面中有一个方块，将鼠标指针放置在该方块上，按住鼠标左键不放移动鼠标，方块随着鼠标指针的移动而被拖动。在用鼠标指针移动方块时，方块不能被移到浏览器窗口之外。当放开鼠标左键时，方块不再随着鼠标指针的移动而被拖动。

知识预备

1．只读属性 offsetLeft

offsetLeft 属性的值为一个整数，是指当前对象到其已经被 CSS 定位（position 属性的值为 absolute 或 relative）的最近的那个父节点左边的距离。如果当前对象所有的父节点均没有被 CSS 定位，则参考节点为 body。该属性为只读属性，不能对其进行赋值。

2．只读属性 offsetTop

offsetTop 属性的值为一个整数，是指当前对象到其已经被 CSS 定位（position 属性的值为 absolute 或 relative）的最近的那个父节点顶部的距离。如果当前对象所有的父节点均没有被 CSS 定位，则参考节点为 body。该属性为只读属性，不能对其进行赋值。

3．只读属性 offsetWidth

offsetWidth 属性的值为一个整数，是指当前对象的宽度。该属性为只读属性，不能对其进行赋值。

4．只读属性 offsetHeight

offsetHeight 属性的值为一个整数，是指当前对象的高度。该属性为只读属性，不能对其进行赋值。

5．只读属性 clientWidth

clientWidth 属性的值为一个整数，是指内容可视区域的宽度，也就是说，浏览器页面中可以看到内容的区域的宽度，一般是浏览器窗口左边框到右边框的宽度（不包括滚动条），与页面内容无关。该属性为只读属性，不能对其进行赋值。

6．只读属性 clientHeight

clientHeight 属性的值为一个整数，是指内容可视区域的高度，也就是说，浏览器页面中可以看到内容的区域的高度，一般是从最后一个工具条以下到状态栏以上的区域的高度（不包括滚动条），与页面内容无关。该属性为只读属性，不能对其进行赋值。

7．document.documentElement 和 document.body 的区别

body 是 DOM 对象里的 body 子节点，即<body>标签；documentElement 是整个节点树的根节点 root，即<html>标签。所以，当涉及获取文档的可视区域的尺寸问题时，如果页面具有 DTD，或者指定 DOCTYPE，则使用 document.documentElement；如果页面不具有 DTD，或者没有指定 DOCTYPE，则使用 document.body。在 IE 浏览器和 Firefox 浏览器中也是如此。

任务分析

（1）首先要确定拖动事件的发生过程。当在方块对象上按下鼠标左键（onmousedown）时，拖动准备发生；当在方块对象上按下鼠标左键的同时移动鼠标（onmousemove）时，拖

动正在发生；当松开鼠标左键（onmouseup）时，拖动停止。所以，拖动事件的代码框架如下：

```
方块对象.onmousedown=function()
{
      //初始化
    方块对象.onmousemove=function(){          //移动方块对象的位置}
    方块对象.onmouseup=function(){            //取消鼠标指针移动事件}
}
```

（2）拖动事件代码的改进。在上述代码中，把 onmousemove 事件和 onmouseup 事件附加到被拖动的方块对象上，如果鼠标指针移动过快，则鼠标指针可能被移出该方块对象，此时，这两个事件将不能被触发，因此，可以将这两个事件附加到 Document 对象上。所以，改进后的拖动事件的代码框架如下：

```
  方块对象.onmousedown=function()
{
  //初始化
   document.onmousemove=function(){  //移动方块对象的位置}
   document.onmouseup=function(){    //取消鼠标指针移动事件}
}
```

（3）拖动方块对象获取和设置相关位置的原理。当鼠标左键被按下时，记录当前鼠标指针相对于方块对象的位置（左为 disX，上为 disY）；当鼠标指针移动时，设置方块对象在浏览器窗口中的位置（左为 event.clientX−disX，上为 event.clientY−disY）。拖动方块对象获取和设置相关位置的原理示意图如图 8.3 所示。

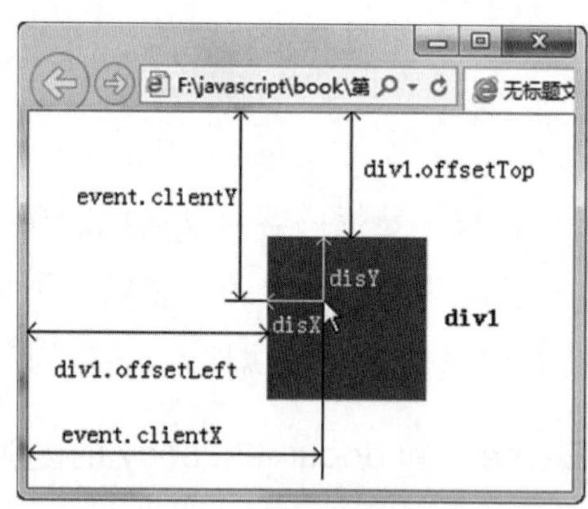

图 8.3　拖动方块对象获取和设置相关位置的原理示意图

（4）拖动范围限制。如果要限制方块对象的拖动范围不能超出浏览器窗口范围，则可以在拖动过程中判断该方块对象离窗口左边、窗口顶部的距离，一旦超出就重新定位。

任务实现

（1）创建一个页面文件“实现拖动.html”。

（2）在<body></body>标签对中输入以下代码，创建一个 DIV 对象。

```
<body>
```

```
    <div id="div1"></div>
</body>
```

（3）在<head></head>标签对中定义以下 CSS 样式，设置该 DIV 对象的尺寸，设置定位方式为绝对定位。

```
<style type="text/css">
#div1{
    width:100px;
    height:100px;
    background:red;
    position:absolute;}
</style>
```

（4）在<head></head>标签对中输入以下代码：

```
<script type="text/javascript">
window.onload=function()
{
    var div1=document.getElementById("div1");
    div1.onmousedown=function(ev)
    {
        var oEvent=ev||event;
        var disX=oEvent.clientX-div1.offsetLeft;//鼠标指针离对象左边的距离
        var disY=oEvent.clientY-div1.offsetTop; //鼠标指针离对象顶部的距离
        document.onmousemove=function(ev)
        {
            var oEvent=ev||event;
            var left=oEvent.clientX-disX;          //对象离窗口左边的距离
            var top=oEvent.clientY-disY;           //对象离窗口顶部的距离
            //下列语句用于兼容是否有 DTD
            var doc=document.documentElement||document.body;
            if(left<0)
            {
                left=0;
            }
            if(left>doc.clientWidth-div1.offsetWidth)
            {
                left=doc.clientWidth-div1.offsetWidth;
            }
            if(top<0)
            {
                top=0;
            }
            if(top>doc.clientHeight-div1.offsetHeight)
            {
                top=doc.clientHeight-div1.offsetHeight;
            }
            div1.style.left=left+"px";
            div1.style.top=top+"px";
```

```
35            }
36            document.onmouseup=function()
37            {
38                this.onmousemove=null;
39                this.onmouseup=null;
40            }
41        }
42    }
43    </script>
```

代码解释

下面对<head></head>标签对中的部分代码（不是定义 CSS 样式的代码）进行解释。

（1）第 04 行代码表示获取方块对象 div1。

（2）第 05～41 行代码是当在方块对象 div1 上按下鼠标左键触发 onmousemove 事件时要执行的代码。这是一个拖动事件的代码框架，内部包含了 Document 对象的 onmousemove 事件和 onmouseup 事件。

（3）第 07 行代码表示获取 Event 对象，并兼容各种浏览器。

（4）第 08 行和第 09 行代码分别表示当在方块对象 div1 上按下鼠标左键的瞬间，获取鼠标指针离方块对象 div1 左边的距离 disX 和鼠标指针离方块对象 div1 顶部的距离 disY。

（5）第 10～35 行代码是当在方块对象 div1 上按下鼠标左键并移动鼠标触发 onmousemove 事件时要执行的代码，主要功能是重新定位方块对象 div1，并限制其移动的范围。

（6）第 12 行代码表示获取 Event 对象，并兼容各种浏览器。

（7）第 13 行和第 14 行代码分别表示计算方块对象 div1 离浏览器窗口左边的距离 left 和方块对象 div1 离浏览器窗口顶部的距离 top。

（8）第 16～32 行代码表示限制 left 和 top 的值，以便限制方块对象 div1 移动的范围。因为需要获取页面文档的宽度 clientWidth 和高度 clientHeight，考虑到 DTD 的问题，为了兼容，在第 16 行代码中定义一个变量 doc，用来获取 documentElement（有 DTD）或 body（无 DTD）。

（9）第 17～20 行代码表示限制方块对象 div1 被移出窗口左边，第 21～24 行代码表示限制方块对象 div1 被移出窗口右边，第 25～28 行代码表示限制方块对象 div1 被移出窗口顶部，第 29～32 行代码表示限制方块对象 div1 被移出窗口底部。

（10）第 33 行和第 34 行代码分别表示将得到的变量 left 和变量 top 的值赋给方块对象 div1 的样式 left 和 top，从而重新定位方块对象 div1，达到看似方块对象 div1 在窗口范围内被移动的效果。

（11）第 36～40 行代码是当松开鼠标左键触发 onmouseup 事件时要执行的代码。此时，应该解除鼠标指针移动事件（见第 38 行代码），否则方块对象 div1 仍将被移动。第 39 行代码表示解除松开鼠标键事件，这行代码可以不写，但为了优化，最好还是加上这行代码，因为实际上此时保留该事件已经没有意义了。

任务 3　控制鼠标滚轮

提出任务

页面中有一个方框，将鼠标指针放置在方框上，按住鼠标中间滚轮向上滚动，方框的高度会随着滚轮的滚动不断变低；按住鼠标中间滚轮向下滚动，方框的高度会随着滚轮的滚动不断变高。

知识预备

1. 鼠标滚轮事件

1）onmousewheel 事件

当鼠标滚轮被滚动时触发 onmousewheel 事件。但是这个事件在 Firefox 浏览器中不能被识别，它只能被 IE 浏览器或 Chrome 浏览器识别。示例如下：

```
var div1=document.getElementById("div1");
div1.onmousewheel=function()
{
   alert("滚动了滚轮");
}
```

当然，在 IE 9.0 以下版本的浏览器中，也可以使用 attachEvent()方法来绑定 onmousewheel 事件。示例如下：

```
var div1=document.getElementById("div1");
div1.attachEvent("onmousewheel",function(){alert("滚动了滚轮");});
```

2）DOMMouseScroll 事件

当鼠标滚轮被滚动时触发 DOMMouseScroll 事件。但是这个事件只能被 Firefox 浏览器识别，不能被 IE 浏览器识别。这里尤其需要注意的是，该事件不能使用传统的绑定事件的方法绑定。例如，以下形式的代码将不能被识别：

```
var div1=document.getElementById("div1");
div1.DOMMouseScroll=function()
{
     alert("滚动了滚轮");
}
```

该事件只能使用 addEventListener()方法绑定。示例如下：

```
var div1=document.getElementById("div1");
```

```
div1.addEventListener("DOMMouseScroll",function(){alert("滚动了滚轮");},
false);
```

2．鼠标滚轮的滚动方向

1）wheelDelta 属性

wheelDelta 属性是 Event 对象的属性，可以获取鼠标滚轮的滚动方向。如果鼠标滚轮向上滚动，则该属性的值大于 0；如果鼠标滚轮向下滚动，则该属性的值小于 0。该属性只能在 IE 浏览器中被识别。

2）detail 属性

detail 属性是 Event 对象的属性，可以获取鼠标滚轮的滚动方向。如果鼠标滚轮向上滚动，则该属性的值小于 0；如果鼠标滚轮向下滚动，则该属性的值大于 0。可以看到该属性的情形与 wheelDelta 属性相反。该属性只能在 Firefox 浏览器中被识别。

任务分析

由于鼠标滚轮事件及鼠标滚轮的滚动方向属性在不同的浏览器中的表现方式不同，因此有必要创建一个函数来处理不同浏览器中的兼容性问题。

对于 onmousewheel 事件和 DOMMouseScroll 事件，可以使用前面任务中已经定义的事件绑定函数 myAddEvent()来处理兼容性问题。对于 wheelDelta 属性和 detail 属性，可以使用以下函数来处理兼容性问题，以便统一鼠标滚轮滚动方向和布尔值的问题。

```
function myMouseWheel(ev)
    {
        var oEvent=ev||event;
        var isDown=true;
        if(oEvent.wheelDelta)//在 IE 浏览器中
        {
            if(oEvent.wheelDelta<0)
            {
                isDown=true;
            }
            else
            {
                isDown=false;
            }
        }
        else//在 Firefox 浏览器中
        {
            if(oEvent.detail>0)
            {
                isDown=true;
            }
            else
```

```
            {
                isDown=false;
            }
        }
    }
```

调用上述函数，可以实现在不同的浏览器中，当鼠标滚轮的滚动方向向上时变量 isDown 的值为 false，当鼠标滚轮的滚动方向向下时变量 isDown 的值为 true。

这里再介绍一种更简便的写法，就是借助三目运算，代码如下：

```
isDown=oEvent.wheelDelta?oEvent.wheelDelta<0:oEvent.detail>0;
```

任务实现

（1）创建一个页面文件“控制鼠标滚轮.html”。

（2）在<body></body>标签对中输入以下代码，创建一个 DIV 对象。

```
<body>
    <div id="div1"></div>
</body>
```

（3）在<head></head>标签对中定义以下 CSS 样式，设置该 DIV 对象的尺寸，设置定位方式为绝对定位。

```
<style type="text/css">
#div1{
    width:100px;
    height:100px;
    background:red;
    position:absolute;}
</style>
```

（4）在<head></head>标签对中输入以下代码：

```
<script src="事件绑定.js"></script>
<script type="text/javascript">
window.onload=function()
{
    var div1=document.getElementById("div1");
    function mouseWheel(ev)
    {
        var oEvent=ev||event;
        var isDown=true;
        isDown=oEvent.wheelDelta?oEvent.wheelDelta<0:oEvent.detail>0;
        if(isDown)
        {
            div1.style.height=div1.offsetHeight+10+"px";
        }
        else
        {
            div1.style.height=div1.offsetHeight-10+"px";
```

```
18              }
19          }
20          myAddEvent(div1,"onmousewheel", mouseWheel);
21          myAddEvent(div1,"DOMMouseScroll", mouseWheel);
22      }
23  </script>
```

代码解释

下面对<head></head>标签对中的部分代码（不是定义 CSS 样式的代码）进行解释。

（1）第 01 行代码表示引入 JS 文件“事件绑定.js”，该文件已经在本项目的任务 1 中创建，其内部封装了一个 myAddEvent()函数，该函数专门用于处理在不同的浏览器中绑定事件的情况。

（2）第 05 行代码表示获取方块对象 div1。

（3）第 06～19 行代码表示定义一个函数，该函数的功能是根据鼠标滚轮的滚动方向改变方块对象 div1 的高度。其中，第 08～10 行代码表示统一在不同浏览器中鼠标滚轮的滚动方向对变量 isDown 取布尔值的问题，原理在任务分析中已阐述。

（4）第 11～18 行代码表示当变量 isDown 的值为 true（鼠标滚轮向下滚动）时，方块对象 div1 的高度增加 10 个像素；当变量 isDown 的值为 false（鼠标滚轮向上滚动）时，方块对象 div1 的高度减少 10 个像素。

（5）第 20 行代码表示调用自定义函数 myAddEvent()将 onmousewheel 事件及该事件触发的函数 mouseWheel()绑定到方块对象 div1 上。这行代码是为了兼容 IE 9.0 及以下版本的浏览器而编写的。

（6）第 21 行代码表示调用自定义函数 myAddEvent()将 DOMMouseScroll 事件及该事件触发的函数 mouseWheel()绑定到方块对象 div1 上。这行代码是为了兼容 IE 9.0 及以上版本的浏览器、Firefox 浏览器而编写的。

任务 4　“项目 8”的实现

知识预备

1. 浏览器的默认行为

浏览器的默认行为是浏览器本身就有的一种行为动作。例如，在浏览器窗口中右击就会弹出快捷菜单；页面的高度超过浏览器的可视窗口的高度就会出现垂直滚动条等。

但是有时并不需要浏览器的某些默认行为。例如，在本项目的任务 2 中，我们在拖动一个对象时，由于在鼠标左键被按下的同时进行拖动有可能将页面中的文字、图片等页面元素选中，而这种浏览器的默认行为是不允许发生的；在本项目的任务 3 中，当滚动鼠标滚轮时，如果页面的高度超过了浏览器的可视窗口的高度，页面会同时产生滚动，而这种浏览器的默认行为往往是用户不愿意看到的。

2．阻止浏览器的默认行为

有两种方法可以阻止浏览器的默认行为：第一种是使用“return false;”语句，第二种是使用 Event 对象的 preventDefault()方法。

1）使用“return false;”语句

可以在两种情形下使用“return false;”语句：第一种是在传统的绑定事件的方法中，这种方法对所有浏览器都有效；第二种是在使用 attachEvent()方法绑定事件的函数中，这种方法对 IE 9.0 及以下版本的浏览器有效。

2）使用 preventDefault()方法

这种方法只能用于使用 addEventListener()方法绑定事件的函数中，并且这种方法对 IE 9.0 及以上版本的浏览器、Firefox 浏览器都有效。需特别注意的是，在使用 addEventListener()方法绑定事件的函数中使用“return false;”语句对任何浏览器都是无效的。

例如，要阻止在浏览器窗口中右击就会弹出快捷菜单的浏览器默认行为，可以使用以下代码：

```
document.oncontextmenu=function()
{
    return false;
}
```

或者使用以下代码：

```
if(document.attachEvent)
{
    document.attachEvent("oncontextmenu",function(){return false;});
}
else
{
    document.addEventListener("contextmenu",function(ev)
                                         {
                                             var oEvent=ev||event;
                                             oEvent.preventDefault();
                                         },false);
}
```

项目分析

（1）在本项目中，滚动条实际上就是两个嵌套的 DIV 对象，其中子 DIV 对象（blockDiv）

就是滚动条的滑块，父 DIV 对象（bannerDiv）就是滚动条的滑槽。

（2）在滚动条的滑块上按住鼠标左键上下拖动滚动条滑块（blockDiv）的效果，可以使用本项目任务 2 中介绍的拖动方块对象获取和设置相关位置的原理实现。只是此时只能限制上下拖动，并且不能将滚动条的滑块拖动出滚动条的滑槽。

（3）按住鼠标滚轮滚动滚动条的效果，可以使用本项目任务 3 中介绍的鼠标滚轮滚动的原理实现。

（4）文本区域也是两个嵌套的 DIV 对象。其中，装有文字的 DIV 对象是子对象（txtDiv），外框 DIV 对象就是父对象（smpDiv）。滚动滚动条实现 txtDiv 上下移动效果的原理是：根据滚动条的移动方向改变 txtDiv 顶部离浏览器可视窗口顶部的距离。当然，这个距离也是有限制的，即 txtDiv 的顶部不能低于 smpDiv 的上边缘，txtDiv 的底部不能高于 smpDiv 的下边缘。如果把 txtDiv 和 smpDiv 的高度差计为 moveDis，则 txtDiv 能够移动的距离是 0～moveDis。由于 txtDiv 向下最多移动到其顶部与 smpDiv 的顶部齐平，向上最多移动到其底部与 smpDiv 的底部齐平，因此 txtDiv 顶部离 smpDiv 顶部的距离是-moveDis～0。

（5）由于 txtDiv 的移动方向和距离要与滚动条的移动方向和距离同步，因此，在设置 txtDiv 顶部离 smpDiv 顶部的距离时，必须考虑滚动条的滑块 blockDiv 在滚动条的滑槽 bannerDiv 中的移动方向和距离。具体做法是：先求得 blockDiv 顶部离 bannerDiv 顶部的距离 top 与 blockDiv 能够移动的范围（bannerDiv 的高度-blockDiv 的高度）的比例值 scale，再求得 txtDiv 允许上下移动的范围 moveRange（txtDiv 的高度-smpDiv 的高度），最终 txtDiv 顶部离 smpDiv 顶部的距离为-moveRange*scale。之所以要加上负号，是因为方向，txtDiv 的顶部始终在 smpDiv 的顶部之上或与之齐平。

（6）项目中要尽量考虑到浏览器兼容性问题。

项目实现

（1）创建页面文件“自制滚动条.html”。

（2）在<body></body>标签对中建立两对父子 DIV 对象。第一对中，父 DIV 对象 bannerDiv 用作滚动条的滑槽，子 DIV 对象 blockDiv 用作滚动条的滑块；第二对中，父 DIV 对象 smpDiv 用作文本区域的外框，子 DIV 对象 txtDiv 用作文本块，内容为多行文本（为了测试效果，文本块 txtDiv 的高度大于外框 smpDiv 的高度）。代码如下：

```
<body>
<div id="bannerDiv">
    <div id="blockDiv"></div>
</div>
<div id="smpDiv">
    <div id="txtDiv">
```

```
            虞美人<br/>
            春花秋月何时了，<br/>
            往事知多少。<br/>
            小楼昨夜又东风，<br/>
            故国不堪回首月明中！<br/>
            雕栏玉砌应犹在，<br/>
            只是朱颜改。<br/>
            问君能有几多愁？<br/>
            恰似一江春水向东流。<br/>
            这首词流露了作者不加掩饰的故国之思，<br/>
            表达了作者对故国的深切怀念。<br/>
            这是他的绝笔词，<br/>
            相传七夕之夜中命歌伎唱此词，<br/>
            宋太宗知道这件事后，<br/>
            赐酒将他毒死。
        </div>
    </div>
</body>
```

（3）在<head></head>标签对中定义以下 CSS 样式。为了测试效果，第 03 行代码将 body 的高度设置为 1000px，这样浏览器就能产生默认的滚动条，当在自定义的滚动条上使用鼠标滚轮滚动时，浏览器的默认滚动条必须不能同时被滚动。代码如下：

```
01  <style type="text/css">
02  body{
03      height:1000px;}
04  #blockDiv{
05      width:10px;
06      height:10px;
07      background:red;
08      position:absolute;
09      cursor:pointer;}
10  #bannerDiv{
11      width:10px;
12      height:200px;
13      background:#999;
14      position:absolute;
15      left:320px;}
16  #smpDiv{
17      width:300px;
18      height:200px;
19      border:#000 1px solid;
20      overflow:hidden;
21      position:absolute;}
22  #txtDiv{
23      position:absolute;}
24  </style>
```

（4）在<head></head>标签对中输入以下代码：

```
<script src="事件绑定.js"></script>
<script type="text/javascript">
function setTop(top)
{
    if(top<0)//滑块移动到顶端
    {
        top=0;
    }
    else if(top>bannerDiv.offsetHeight-blockDiv.offsetHeight)
    //滑块移动到底端
    {
        top=bannerDiv.offsetHeight-blockDiv.offsetHeight;
    }
    blockDiv.style.top=top+"px";
    blockDiv.style.cursor="pointer";//设置鼠标指针的形状为小手状
    var scale=top/(bannerDiv.offsetHeight-blockDiv.offsetHeight);
    var moveRange=txtDiv.offsetHeight-smpDiv.offsetHeight;
    txtDiv.style.top=-moveRange*scale+"px";
}
window.onload=function()
{
    var blockDiv=document.getElementById("blockDiv");
    var bannerDiv=document.getElementById("bannerDiv");
    var smpDiv=document.getElementById("smpDiv");
    var txtDiv=document.getElementById("txtDiv");
    function mouseWheel(ev)
    {
        var oEvent=ev||event;
        var isDown=true;
        //在不同浏览器中统一鼠标滚轮滚动方向的取值
        isDown=oEvent.wheelDelta?oEvent.wheelDelta<0:oEvent.detail>0;
        if(isDown)
        {
            var top=blockDiv.offsetTop+10;
        }
        else
        {
            var top=blockDiv.offsetTop-10;
        }
        if(oEvent.preventDefault)
        {
            oEvent.preventDefault();
        }
            else
        {
            return false;
        }
```

```
48          setTop(top);
49      }
50      myAddEvent(bannerDiv,"onmousewheel",mouseWheel);
51      myAddEvent(bannerDiv,"DOMMouseScroll",mouseWheel);
52      myAddEvent(blockDiv,"onmousewheel",mouseWheel);
53      myAddEvent(blockDiv,"DOMMouseScroll",mouseWheel);
54      blockDiv.onmousedown=function(ev)
55      {
56          var oEvent=ev||event;
57          var disY=oEvent.clientY-blockDiv.offsetTop;
58          blockDiv.style.cursor="pointer";
59          var w=smpDiv.offsetWidth;
60          var h=smpDiv.offsetHeight;
61          document.onmousemove=function(ev)
62          {
63              var oEvent=ev||event;
64              var top=oEvent.clientY-disY;
65              setTop(top);
66          }
67          document.onmouseup=function()
68          {
69              this.onmousemove=null;
70              this.onmouseup=null;
71          }
72          return false;
73      }
74  }
75  </script>
```

代码解释

下面对<head></head>标签对中的部分代码（不是定义 CSS 样式的代码）进行解释。

（1）第 01 行代码表示引入 JS 文件“事件绑定.js”，该文件已经在本项目的任务 1 中创建，其内部封装了一个 myAddEvent()函数，该函数专门用于处理在不同的浏览器中绑定事件的情况。

（2）第 03～19 行代码表示定义一个函数，该函数接收一个表示滚动条滑块的位置的参数 top，并根据该位置限制滑块可以移动的范围，根据滑块当前位置与滑块在滚动条滑槽中可以移动的最大距离的比例，推算出文本块在文本区域的外框中上下移动的距离。其中，第 05～14 行代码表示限制滑块移动的范围，以免滑块移出滑槽，原理参考本项目的任务 1。第 16 行代码表示计算滑块当前位置与滑块在滚动条滑槽中可以移动的最大距离的比例值 scale，注意，滑块在滚动条滑槽中可以移动的最大距离不是滑槽的高度，而是滑槽的高度减去滑块的高度。第 17 行代码表示计算文本块在文本区域的外框中能移动的最大距离 moveRange。第 18 行代码表示文本块当前所在的位置。

（3）第 22～25 行代码表示获取所有的 DIV 对象。

（4）第 26～49 行代码表示定义一个函数 mouseWheel()，该函数的功能是根据鼠标滚轮的滚动方向改变滑块 blockDiv 的位置，原理参考本项目的任务 3。其中，第 40～47 行代码表示阻止浏览器的默认行为，防止当使用鼠标滚轮滚动滑块 blockDiv 时同时滚动了浏览器的默认滚动条。这里兼容了各版本的浏览器对阻止浏览器默认行为的处理方式。

（5）第 50～53 行代码表示为滚动条的滑槽和滑块分别绑定鼠标滚轮事件及指定其事件处理函数 mouseWheel()。

（6）第 54～73 行代码表示当在滚动条的滑块上按住鼠标左键拖动滚动条的滑块时，对滑块移动位置的处理，原理参考本项目的任务 2。其中，第 72 行代码表示阻止浏览器的默认行为，防止当在滚动条的滑块上按住鼠标左键拖动滚动条的滑块时，选中页面文档中的其他对象内容。因为该语句处在传统的绑定事件的方法中，所以可以使用所有浏览器都能识别的“return false;”语句。

拓展实训

（1）实现拖动磁性吸附的功能。对本项目的任务 2 进行改造，当方块被拖动到页面窗口边缘时，自动被吸附到页面窗口的边框上。

（2）实现带虚线框拖动功能。对本项目的任务 2 进行改造，当在方块上按下鼠标左键进行拖动时，方块并没有被拖动，而是产生了一个与方框大小相同的虚线方框，这个虚线方框能够跟随鼠标指针移动，如图 8.4 所示。当松开鼠标左键时，虚线方框消失，方块被放置在鼠标左键松开时的位置，如图 8.5 所示。

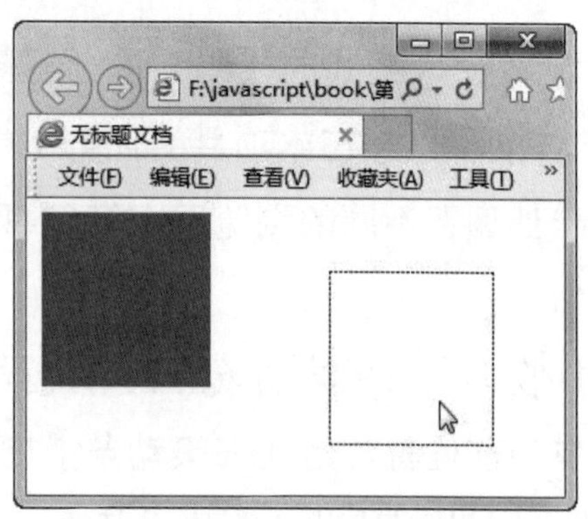

图 8.4　当拖动鼠标指针时

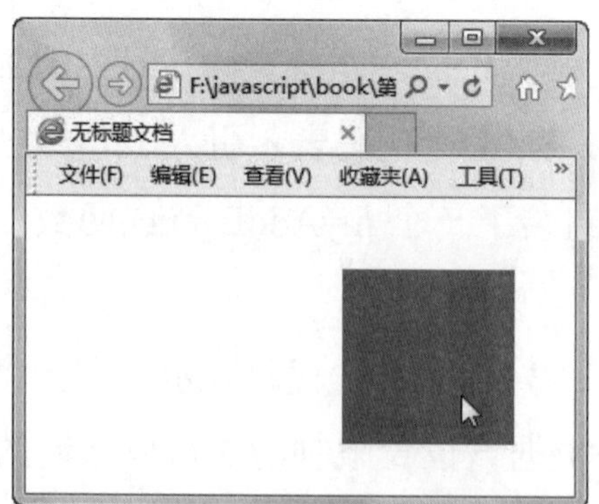

图 8.5　当松开鼠标左键时

（3）自制一个滚动条，当拖动滚动条的滑块时，能够实时改变页面中某个 DIV 对象的尺寸。

滑动的侧边栏——基础运动

项目情境

页面窗口左边缘有一个“分享栏”，如图 9.1 所示。当将鼠标指针放置在“分享栏”上时，该侧边栏从页面窗口左边缘由快到慢做缓冲运动拉出，如图 9.2 所示；当将鼠标指针从“分享栏”或灰色区域移出时，该侧边栏由快到慢做缓冲运动缩进至页面窗口左边缘到如图 9.1 所示的状态。当滚动鼠标滚轮或拖动页面窗口右侧的垂直滚动条时，该侧边栏与滚动条同时由快到慢做缓冲运动，并停在页面窗口可视区域的左边缘垂直居中的位置。

图 9.1　侧边栏缩进状态

图 9.2　侧边栏拉出状态

学习目标

- 掌握物理运动的基本规律。
- 掌握缓冲运动的原理和实现方法。
- 掌握窗口滚动事件。
- 初步培养应用高级动画技术创建复杂动画效果的能力。

➢ 培养提高用户体验的意识。

➢ 培养创造力和艺术感。

任务 1　缓冲运动

提出任务

在页面的“起始位置”文本框中输入一个数字，如图 9.3 所示，表示方块运动开始时离页面窗口左边缘的距离；当单击“运动”按钮时，方块就从文本框中输入的数字对应的位置处开始由快到慢做缓冲运动，最后停在如图 9.4 所示的位置，方块的左边缘与黑色竖线正好对齐。

图 9.3　输入数字

图 9.4　方块停止的位置

知识预备

1. ceil()函数

ceil()函数是 Math 对象的一个方法，其作用是对一个数进行向上取整。示例如下：

```
Math.ceil(3.24)//值为 4
Math.ceil(-3.24)//值为-3
```

2. floor()函数

floor()函数是 Math 对象的一个方法，其作用是对一个数进行向下取整。示例如下：

```
Math.floor(3.24)//值为 3
Math.floor(-3.24)//值为-4
```

3. 缓冲运动

缓冲运动不同于匀速运动，它是指物体由快到慢直到停止的运动，运动看上去具有一定的加速度。这种运动效果在 JavaScript 设计的动态效果中非常常见，它在很多时候比匀速运动更加流畅生动、富有趣味性，能更好地增加用户的体验乐趣。

当一个对象从起始位置要做缓冲运动到目的地并停止时，其速度是慢慢降低的，直到速度为 0。换句话说，对象离目标越近，对象的速度越小。

假设 div1 对象在目标位置的左侧，该对象运动的速度为 iSpeed，该对象的目标位置是 targetPos，那么该对象与目标位置之间的距离 distance 的值如下：

```
distance=targetPos-div1.offsetLeft
```

如果把这个距离与速度 iSpeed 联系起来，就可以实现对象距离目标位置越近对象的速度越小的目的。例如，可以让 iSpeed 的值与 distance 的值满足以下关系：

```
iSpeed=targetPos-div1.offsetLeft
```

假设 div1 对象的起始位置为 0，也就是 div1.offsetLeft 的值为 0，则此时速度 iSpeed 的值如下：

```
iSpeed=targetPos
```

此时，div1 对象的速度达到最大。随着 div1 对象从左向右靠近目标位置，div1.offsetLeft 的值越来越大，targetPos-div1.offsetLeft 的值越来越小，即速度 iSpeed 的值越来越小。当 div1 对象到达目标位置，也就是其左边缘与目标位置重合时，速度 iSpeed 的值为 0，此时 div1 对象停止。

为了实现 div1 对象移动的效果，就必须不断地设置 div1 对象的位置，也就是 div1 对象的 left 样式的值。这就必须不断获取 div1 对象的当前位置 div1.offsetLeft 的值，再将当前位置的值增加一个变化的量并赋值给 div1 对象的 left 样式，则 div1.style.left 的值如下：

```
div1.style.left=div1.offsetLeft+变化的量+"px"
```

如果把上述式子中的“变化的量”用 iSpeed 代替，则上述式子可以写为以下形式：

```
div1.style.left=div1.offsetLeft+iSpeed+"px"
```

而前面提到过，速度 iSpeed 的值如下：

```
iSpeed=targetPos-div1.offsetLeft
```

随着 div1 对象距离目标位置越来越近，速度 iSpeed 的值越来越小，在这个过程中，div1.style.left 的值会越来越大，但是增加的速度受 iSpeed 值的影响会越来越小，用户能够看到的效果就是 div1 对象从左向右做缓冲运动。

当速度 iSpeed 的值为 0 时，div1.offsetLeft 的值正好等于 targetPos 的值，也就是 div1 对象停在了目标位置。

如果将上述分析写成代码的形式，则代码如下：

```
function fn()
{
    var iSpeed=targetPos-div1.offsetLeft;
    div1.style.left=div1.offsetLeft+iSpeed+"px";
}
window.setInterval(fn,30);
```

上面的分析似乎没有什么问题，但是，如果用户使用上面的代码进行测试，则会看到 div1 对象并不是以缓冲运动的方式慢慢移动到目标位置停下的，而是立刻到达了目标位置，这是为什么呢？

原因就在于速度 iSpeed 的值。假设 div1 对象的起始位置为 0，也就是 div1.offsetLeft 的值为 0，那么，当运动开始时，速度 iSpeed 的值如下：

```
iSpeed=targetPos
```

此时，div1 对象的位置如下：

```
div1.style.left=targetPos+"px"
```

可以看到，div1.style.left 的值与 targetPos 的值相等，也就是 div1 对象距离页面窗口左边的位置正好是目标位置，从而使得 div1 对象立刻到达了目标位置。

改进的方法是将速度 iSpeed 的值除以一个整数，示例如下：

```
iSpeed=(targetPos-div1.offsetLeft)/8
```

此时，再分析上述代码，发现速度 iSpeed 的值不会一开始就立即到达 targetPos，当 div1.offsetLeft 的值与 targetPos 的值相等时，速度 iSpeed 的值为 0。

在采用这种方法后，可以看到 div1 对象已经能够实现缓冲运动。但是，新的问题又出现了：当 div1 对象停下时，其左边缘并没有和目标位置重合，而是在快到达目标位置时提前停下了。出现这种情况的原因还是速度 iSpeed 的值。

这是因为表达式“(targetPos-div1.offsetLeft)/8”采取了除法运算，有可能出现不能整除的问题，随着值越来越小，最终可能出现一个大于 0 且小于 1 的小数值，如 0.375。但是，屏幕像素是不允许出现小数的，此时，系统就会采取舍去小数点后面的值的方法，将 0.375 用 0 来代替。此时，div1 对象当然会提前停下。

解决上述问题的方法是将速度 iSpeed 的值向上取整：

```
iSpeed=Math.ceil((targetPos-div1.offsetLeft)/8)
```

这样，当速度 iSpeed 的值为 0.375 时，由于向上取整，因此速度 iSpeed 的值重新调整到 1，因为还未到 0，div1 对象就要继续运动，此时可能运动到距离目标位置 0.125 像素处；速度 iSpeed 的值再次重新调整到 1，由于仍未到 0，因此 div1 对象还要继续运动……如此往复，最终速度 iSpeed 的值为 0，此时即便向上取整，其值仍然为 0，div1 对象停止，而且正好停在目标位置处。因此，正确的处理代码如下：

```
function fn()
{
    var iSpeed= Math.ceil((targetPos-div1.offsetLeft)/8);
    div1.style.left=div1.offsetLeft+iSpeed+"px";
}
window.setInterval(fn, 30);
```

如果 div1 对象的起始位置在目标位置的右侧，则原理与上述内容相同，只是此时速度 iSpeed 的值应该向下取整，因为在快要到达目标位置时，速度 iSpeed 的值是一个小于 0 且大于-1 的小数，如-0.375，此时向下取整才能使速度 iSpeed 的值为 0。代码如下：

```
function fn()
{
    var iSpeed=Math.floor((targetPos-div1.offsetLeft)/8);
    div1.style.left=div1.offsetLeft+iSpeed+"px";
}
window.setInterval(fn,30);
```

任务分析

用户可以先定义一个使方块做缓冲运动的函数，然后使用定时器每隔一段时间就调用一次该函数。

任务实现

（1）创建一个页面文件“缓冲运动.html”。

（2）在<body></body>标签对中输入以下代码，创建一个用于做缓冲运动的 DIV 对象、一个用于填写 DIV 对象起始位置的文本框、一个“运动”按钮、一个用于标识目标位置的<span>标签。

```
<body>
起始位置：<input type="text" id="startPos" size="5"/>
<input type="button" id="btnMove" value="运动"/>
<div id="div1"></div>
<span id="span1"></span>
</body>
```

（3）在<head></head>标签对中定义以下 CSS 样式，其中，为了用<span>标签标识目标位置，可使其显示为一条黑色的竖线。

```
<style type="text/css">
#div1{
    width:100px;
    height:100px;
    background-color:#C30;
    position:absolute;
    left:0px;}
#span1{
    width:1px;
    height:150px;
    background-color:#000;
    position:absolute;
    left:250px;}
</style>
```

（4）在<head></head>标签对中输入以下代码：

```
<script type="text/javascript">
window.onload=function()
{
    var div1=document.getElementById("div1");
    var btnMove=document.getElementById("btnMove");
```

```
06        var span1=document.getElementById("span1");
07        var startPos=document.getElementById("startPos");
08        var timer;
09        var targetPos=span1.offsetLeft;
10        function moveDiv()
11        {
12            var iSpeed;
13            if(div1.offsetLeft<targetPos)
14            {
15                iSpeed= Math.ceil((targetPos-div1.offsetLeft)/8);
16            }
17            else
18            {
19                iSpeed= Math.floor((targetPos-div1.offsetLeft)/8);
20            }
21            div1.style.left=div1.offsetLeft+iSpeed+"px";
22        }
23        btnMove.onclick=function()
24        {
25                window.clearInterval(timer);
26                div1.style.left=startPos.value+"px";
27                timer=window.setInterval(moveDiv,30);
28        }
29    }
30    </script>
```

代码解释

下面对<head></head>标签对中的部分代码（不是定义 CSS 样式的代码）进行解释。

（1）第 04～07 行代码表示获取页面中的 div1、按钮、span1、文本框等对象。

（2）第 08 行代码表示定义一个变量 timer，用于保存计时器对象。

（3）第 09 行代码表示初始化目标位置 targetPos。

（4）第 10～22 行代码表示定义一个函数，该函数的作用是获取 div1 对象的水平方向的位置。该函数将被第 27 行代码中的时间间隔函数 setInterval()每隔 30 毫秒调用一次。原理参考本任务的任务分析。

（5）第 23～28 行代码是当单击“运动”按钮触发 onclick 事件时要执行的代码。其中，第 25 行代码表示清除计时器，第 26 行代码表示获取 div1 对象的起始位置，第 27 行代码表示创建一个定时器，每隔 30 毫秒调用一次 moveDiv()函数。注意：第 25 行代码不能少，因为如果在开启定时器之前不清除已有的定时器，则当用户不断地单击“运动”按钮时，就会有多个定时器重复调用 moveDiv()函数，看到的效果是 div1 对象的速度越来越快。

本任务代码中的第 13～20 行代码可以用三目运算简写为以下形式：

```
iSpeed=div1.offsetLeft<targetPos?Math.ceil((targetPos-div1.offsetLeft)/
8):Math.floor((targetPos-div1.offsetLeft)/8);
```

任务 2　垂直滚动缓冲跟随

提出任务

在如图 9.5 所示的页面窗口的左边缘有一个方块，当用鼠标滚轮滚动页面窗口的垂直滚动条时，方块与滚动条同向垂直做缓冲滚动，并停在页面窗口可视区域的左边缘垂直居中的位置。

图 9.5　垂直滚动缓冲跟随

知识预备

1. scrollTop 属性

scrollTop 属性的用法如下：

```
document.body.scrollTop
```

或者

```
document.documentElement.scrollTop
```

scrollTop 属性为只读属性，不能对其赋值，表示页面被卷去的高度，该属性的值为一个整数，如图 9.6 所示。

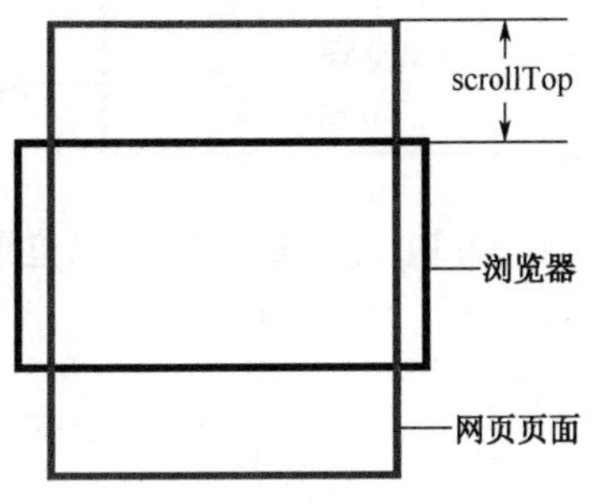

图 9.6　scrollTop

2．scrollLeft 属性

scrollLeft 属性的用法如下：

```
document.body.scrollLeft
```

或者

```
document.documentElement.scrollLeft
```

scrollLeft 属性为只读属性，不能对其赋值，表示页面被卷去的左侧宽度，该属性的值为一个整数，如图 9.7 所示。

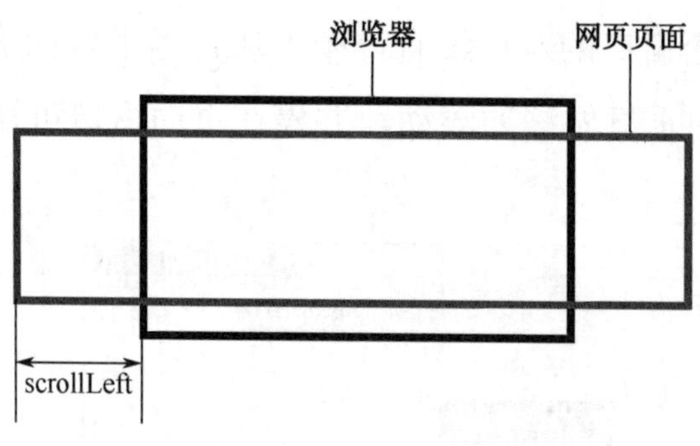

图 9.7　scrollLeft

任务分析

本任务与本项目的任务 1 类似，关键问题是如何获取方块最终停止的位置。如图 9.8 所示，方块 div1 最终停在页面窗口可视区域的左边缘垂直居中的位置，那么方块 div1 最终停止的位置 targetPos 的值如下：

```
targetPos=scrollTop+(docClientHeight-div1.offsetHeight)/2
```

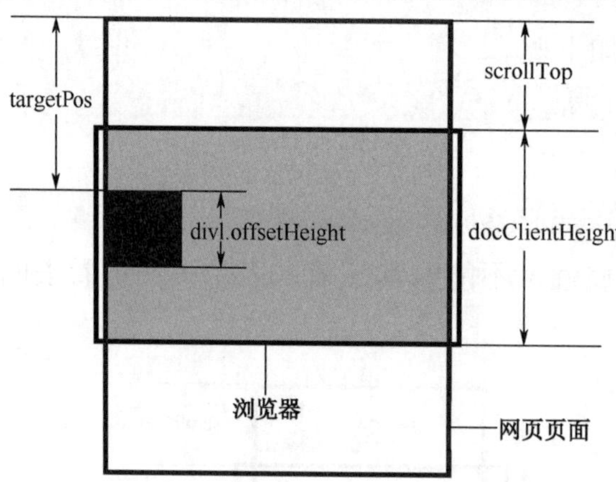

图 9.8　方块 div1 最终停止的位置

任务实现

（1）创建一个页面文件“垂直滚动缓冲跟随.html”。

（2）在<body></body>标签对中输入以下代码，创建一个 DIV 对象。

```
<body>
    <div id="div1"></div>
</body>
```

（3）在<head></head>标签对中定义以下 CSS 样式。为了使页面窗口中产生垂直滚动条，设置 body 对象的高度为一个较大的值。

```
<style type="text/css">
body{
    height:1000px;}
div{
    width:100px;
    height:100px;
    background-color:#C30;
    position:absolute;
    left:0px;}
</style>
```

（4）在<head></head>标签对中输入以下代码：

```
<script type="text/javascript">
window.onload=function()
{
    var div1=document.getElementById("div1");
    var timer;
    window.onscroll=function()
    {
        var scrollTop=document.documentElement.scrollTop||document.
body.scrollTop;
        var docClientHeight=document.documentElement.clientHeight||
document.body.clientHeight;
        var targetPos=scrollTop+(docClientHeight-div1.offsetHeight)/2;
        targetPos=parseInt(targetPos);
        //取整，防止 div1 对象停下时发生上下抖动的情况
        function moveDiv()
        {
            var iSpeed=(targetPos-div1.offsetTop)/8;
            iSpeed=div1.offsetLeft<targetPos?Math.ceil(iSpeed):Math.
floor(iSpeed);
            div1.style.top=div1.offsetTop+iSpeed+"px";
        }
        window.clearInterval(timer);
        timer=window.setInterval(moveDiv,30);
    }
}
</script>
```

代码解释

下面对<head></head>标签对中的部分代码（不是定义 CSS 样式的代码）进行解释。

（1）第 04 行代码表示获取页面中的 div1 对象。

（2）第 05 行代码表示定义一个变量 timer，用于保存计时器对象。

（3）第 06～24 行代码是当滚动页面窗口中的垂直滚动条时要执行的代码。其中，第 08～09 行代码表示获取页面被卷去的高度；第 10～11 行代码表示获取页面窗口可视区域的高度；第 12 行代码表示获取 div1 对象停止时的位置的值；第 13 行代码表示对这个位置的值取整，目的是防止 div1 对象在要停止的位置出现上下抖动的情况。之所以出现这种情况，是因为第 12 行代码在计算 targetPos 的值的表达式中出现了除以 2 的运算，这个运算的结果有可能出现小数，如 targetPos 的值为 564.5。由于对象运动的像素值不能为小数，因此 div1 对象会运动到 565 像素处，因为这个值超过了 targetPos 的值，所以 div1 对象又往回跳到 564 像素处，但是这样这个值又小于 targetPos 的值了，所以 div1 对象又跳到 565 像素处……如此往复，就出现了上下抖动的情况。解决这个问题的一种方法就是对 targetPos 的值取整，当然，这样方块的停止位置就不是绝对的垂直居中了，但是，一个像素的误差对于用户来说是可以忽略不计的。

（4）第 15～23 行代码是实现缓冲运动的代码，原理可以参考本项目的任务 1。

任务 3　“项目 9”的实现

知识预备

在 setInterval()函数中调用带参数的函数：在项目 5 的任务 5 中已经介绍了在 setInterval()函数中调用带参数的函数的方法。但是，如果将实例 5.4 的代码改为以下形式，就会发现根本看不到运行结果：

```
<script type="text/javascript">
window.onload=function()
{
    var s="你好";
    function ok(msg)
    {
        alert(msg);
    }
    setInterval("ok('"+s+"')",2000);
}
</script>
```

只有将实例 5.4 的代码改为以下形式后，才能看到运行结果：

```
<script type="text/javascript">
function ok(msg)
{
    alert(msg);
}
window.onload=function()
{
    var s="你好";
    setInterval("ok('"+s+"')",2000);
}
</script>
```

也就是说，如果 setInterval()函数调用带参数的函数，则这个被调用的带参数的函数不能包含在任何事件触发函数中。

项目分析

在本项目中，“分享栏”可以在两个方向做缓冲运动：一个方向是当鼠标指针悬停或离开“分享栏”时，“分享栏”左右横向移出或移入页面窗口的左边缘；另一个方向是当滚动鼠标滚轮或拖动页面窗口的垂直滚动条时，“分享栏”上下移动到页面窗口可视区域的左边缘垂直居中的位置。可以定义一个函数来处理这两个方向的缓冲运动。由于“分享栏”在两个方向做缓冲运动时停止的目标位置不同，因此，该函数需要两个参数，一个参数接收目标位置，另一个参数接收运动方向。

项目实现

（1）创建页面文件“滑动的侧边栏.html”。

（2）在<body></body>标签对中建立一对父子 DIV 对象。父 DIV 对象表示“分享栏”灰色部分，子 DIV 对象表示“分享栏”标签部分。代码如下：

```
<body>
    <div id="div1">
        <div id="div2">分享栏</div>
    </div>
</body>
```

（3）在<head></head>标签对中定义以下 CSS 样式。为了测试效果，第 03 行代码将 body 对象的高度设置为 1000px，这样浏览器就能产生默认的滚动条，当在自定义的滚动条上按住鼠标滚轮滚动时，浏览器的默认滚动条必须不能同时被滚动。代码如下：

```
01    <style type="text/css">
02    body{
03        height:1000px;}
04    #div1{
```

```
    width:100px;
    height:200px;
    background-color:#999;
    position:absolute;
    left:-100px;}
#div2{
    width:20px;
    height:100px;
    background-color:#FC6;
    position:absolute;
    left:100px;
    top:50px;
    text-align:center;
    line-height:32px;}
</style>
```

（4）在<head></head>标签对中输入以下代码：

```
<script type="text/javascript">
function moveDiv(targetPos,moveDir)
{
    var iSpeed;
    if(moveDir==1)//如果是水平方向的缓冲运动
    {
        iSpeed=(targetPos-div1.offsetLeft)/8;
        iSpeed=div1.offsetLeft<targetPos?Math.ceil(iSpeed):Math.floor
(iSpeed);
        div1.style.left=div1.offsetLeft+iSpeed+"px";
    }
    else//如果是垂直方向的缓冲运动
    {
        iSpeed=(targetPos-div1.offsetTop)/8;
        iSpeed=div1.offsetTop<targetPos?Math.ceil(iSpeed):Math.floor
(iSpeed);
        div1.style.top=div1.offsetTop+iSpeed+"px";
    }
}
window.onload=function()
{
    var div1=document.getElementById("div1");
    var timer1;
    div1.onmouseover=function()
    {
        window.clearInterval(timer1);
        var targetPos=0;
        timer1=window.setInterval("moveDiv("+targetPos+","+1+")",30);
    }
    div1.onmouseout=function()
    {
        window.clearInterval(timer1);
```

```
33          var targetPos=-100;
34          timer1=window.setInterval("moveDiv("+targetPos+","+1+")",30);
35      }
36      var timer2;
37      window.onscroll=function()
38      {
39          var scrollTop=document.documentElement.scrollTop||document.body
40  .scrollTop;
41          var clientHeight=document.documentElement.clientHeight||
42  document.body.clientHeight;
43          var targetPos=scrollTop+(clientHeight-div1.offsetHeight)/2;
44      targetPos=parseInt(targetPos);
45           window.clearInterval(timer2);
46          timer2=window.setInterval("moveDiv("+targetPos+","+0+")",30);
47      }
48  }
49  </script>
```

代码解释

下面对<head></head>标签对中的部分代码（不是定义 CSS 样式的代码）进行解释。

（1）第 02～19 行代码表示定义一个将被 setInterval()函数调用的函数，该函数用于接收目标位置 targetPos 和缓冲运动的方向 moveDir，根据运动方向计算 div1 对象做缓冲运动的定位。其中，当 moveDir 的值为 1 时，表示 div1 对象做缓冲运动的方向为水平方向，否则 div1 对象做缓冲运动的方向为垂直方向。该函数被放置在 window.onload=function(){}之外，原因是该函数是带有参数的，当其被 setInterval()函数调用时，是不能被包含在任何事件触发函数中的。

（2）第 22 行代码表示获取 div1 对象。

（3）第 23 行代码表示定义一个变量 timer1，用于保存计时器对象，该计时器对象用来实现水平方向的缓冲运动。

（4）第 24～29 行代码是当鼠标指针悬停在 div1 对象上触发 onmouseover 事件时要执行的代码。此时 div1 对象做缓冲运动停止的目标位置是其左边缘与页面窗口的左边缘重合的位置，也就是水平位置为 0。因为缓冲运动的方向是水平方向，所以在第 28 行代码中调用 moveDiv()函数时传递给 moveDir 参数的值为 1。

（5）第 30～35 行代码是当鼠标指针离开 div1 对象触发 onmouseover 事件时要执行的代码。此时 div1 对象做缓冲运动停止的目标位置是其右边缘与页面窗口的左边缘重合的位置，也就是水平位置为-100。因为缓冲运动的方向是水平方向，所以在第 34 行代码中调用 moveDiv()函数时传递给 moveDir 参数的值为 1。

（6）第 36 行代码表示定义一个变量 timer2，用于保存计时器对象，该计时器对象用来实现垂直方向的缓冲运动。

（7）第 37～47 行代码是当滚动垂直滚动条触发 onscroll 事件时要执行的代码，原理与本项目的任务 2 相同。因为缓冲运动的方向是垂直方向，所以在第 46 行代码中调用 moveDiv() 函数时传递给 moveDir 参数的值为 0。

拓展实训

（1）页面中有一个宽度为 100 像素的长条，需要实现的效果是：当鼠标指针悬停在长条上时，长条以缓冲运动的方式变长，直到宽度为 150 像素时停止；当鼠标指针离开长条时，长条以缓冲运动的方式变短，直到宽度为 100 像素时停止。

（2）在如图 9.9 所示的导航条中有一个灰色色块，当鼠标指针悬停在某个导航项目上时，灰色色块就会做缓冲运动，运动到该导航项目上。

新闻模块1	新闻模块2	新闻模块3

图 9.9　带灰色色块的导航条